Le gâteau magique

하나의 반죽으로 세 가지 맛을 내는 신기한

마법의 케이크

오기타 히사코 지음
정창열 옮김

기본 레시피

바닐라
Vanille

신기하고 맛있는 마법의 케이크
Introduction

스펀지 케이크

크림

플랑

맨 위는 부드럽고 뽀송뽀송한 스펀지 케이크.
가운데는 걸쭉하고 진한 크림.
그 밑에는 쫀득쫀득한 플랑(결을 내 구운 프랑스 빵으로 페이스트리의 일종 — 옮긴이).
한입 쏙 베어 물면 세 가지의 식감이 어우러져 지금까지 느낄 수 없었던 색다른 맛의 세계를
경험할 수 있습니다.

중요한 포인트는 바로 여기!
이 세 개의 층은 각각을 따로따로 만들어 나중에 합치는 것이 아닌, 갓 구워낸 과자처럼 하나
의 반죽을 구우면 자연스럽게 세 가지 맛이 완성됩니다. 이것이 바로 Le gâteau magique, 즉
'마법의 케이크'입니다.

특별한 도구나 재료가 전혀 필요 없습니다.
극히 평범한 별립 반죽의 일종입니다.
조금 다른 점이 있다면, 다음 세 가지 정도.

① 저온(150℃)에서 굽습니다.
가운데의 크림 층에는 열이 너무 많이 전달되지 않도록 낮은 온도로 가열합니다. 과자를 구
울 때는 일반적으로 180℃ 전후로 굽지만, 이 케이크는 150℃로 굽습니다. 35분 정도 정성껏
불에 익힙니다.

② 노른자 반죽과 머랭은 완전히 섞지 않습니다.
별립 반죽은 계란 노른자가 들어간 반죽과 흰자를 휘저은 머랭을 따로따로 만들어 마지막
에 섞은 후 굽는 반죽인데, 이 케이크는 두 가지 반죽을 완전히 섞지 않습니다. 빵 틀에 반죽
을 부으면, 액상의 반죽이 맨 아래에 고이고 머랭과 약간 섞인 반죽이 그 위에, 반죽과 섞이
지 않은 머랭이 맨 위에 떠 있게 됩니다. 이걸로 OK!

③ 중탕으로 구운 후 식혀 줍니다.
'중탕 굽기'는 치즈 케이크, 푸딩, 수플레 등을 만들 때 사용하는 방법입니다. 열을 약하게 가
해 마법 케이크의 스펀지 반죽을 부드럽게 마무리해 줍니다. 마지막에 냉장실에서 식히며
크림 층을 안정시킵니다.

이 세 가지 포인트만 지키면, 가정에서 흔히 사용하는 도구와 재료로 지금 당장이라도 마법
의 케이크를 만들 수 있습니다.

프랑스에서 태어나 순식간에 선풍적인 인기를 끈 마법의 케이크.
이 책에서는 보다 쉽고 보다 맛있는 마법의 케이크 조리법을 소개합니다.
재미있게 만드시고, 맛있게 즐겨 주세요!

기본 레시피
La recette de base { 바닐라 Vanille }

기본 레시피를 설명합니다.
만드는 중에 방법이 헷갈리실 때는
이 페이지를 다시 읽어 보세요.
바닐라빈 항목 외에는 거의 동일합니다.

재료 [지름 15㎝ 원형 틀 1개 분량]

◆ 계란 노른자 반죽

- 계란 노른자 2개(약 40g)
- 그래뉴당 45g
- 버터 60g
- 박력분 50g
- 우유 250㎖
- 바닐라빈 1/4개

◆ 머랭

- 계란 흰자 2개(약 60g)
- 그래뉴당 25g

가루 설탕 적당량

계란은 노른자와 흰자로 나누어 각각 큰 볼에 담습니다. 흰자는 사용하기 전까지 냉장실에 넣어 둡니다.

사전 준비

- 바닐라빈은 깍지를 갈라 씨를 빼냅니다(ⓐ 참조). 작은 냄비에 우유와 바닐라빈 깍지와 그 씨를 넣고 약한 불에 올린 후, 부글부글 끓기 시작하면 불을 끄고 뚜껑을 덮은 채 약 50℃로 식힙니다.
  →이 과정은 '바닐라'에만 해당됩니다. 바닐라 페이스트 1/2티스푼으로 대체 가능합니다. 이때는 4번 타이밍에서 우유와 함께 섞어 주세요.

- 버터는 중탕으로 녹여(ⓑ 참조) 상온(약 25℃)에서 식힙니다.
  →녹은 버터가 분리되어 있어도 문제없습니다.

- 박력분을 체로 칩니다(ⓒ 참조).
  →미리 체로 쳐 두면 뭉치지 않아 작업이 수월해집니다.

- 틀에 오븐 시트를 깔아 줍니다.
  →오븐 시트를 까는 방법은 63쪽에 상세히 설명되어 있습니다.

- 바트에 키친타월 2장을 깔고 오븐 팬에 올립니다.
  →열을 낮추기 위한 것이며 바트는 틀보다 크고 깊이 3㎝ 이상인 것을 사용합니다. 굽기 바로 전에 틀을 바트에 앉히고, 바트에 뜨거운 물을 붓습니다.

- 물(분량 외)을 끓인 다음 60℃ 정도로 식힙니다.
  →바트에 붓는 뜨거운 물입니다. 가능한 한 60℃ 전후로 맞춰 주세요.

- 오븐은 150℃로 예열합니다.
  →예열 시간은 오븐의 기종에 따라 다릅니다. 타이밍을 계산해 예열을 시작하세요.

칼등으로 씨를 빼내 깍지와 함께 우유에 넣습니다.

작은 냄비에 물을 끓여 내열용 볼에 담은 버터를 올려놓고 녹입니다.

만능 스트레이너나 고운 체에 가루를 넣고 손으로 휘저으면서 체를 칩니다. 아래에 오븐 시트 등을 깔고 체 친 가루를 받아냅니다.

---

1 계란 노른자에 설탕을 넣고 섞어요.

노른자 반죽을 만듭니다. 믹싱 볼에 그래뉴당을 넣고 하얗게 변할 때까지 거품기로 큰 원을 그리듯 돌리며 섞어요.

볼 밑에 젖은 행주를 깔아 두면 섞기 편해요. 그래뉴당 알갱이가 보이지 않고 흰빛이 돌면 OK.

2 녹인 버터를 넣고 섞어요.

녹인 버터를 넣고 반죽에 완전히 밸 때까지 섞어요.

이때 버터는 상온에 둡니다.

버터가 반죽에 완전히 녹아들면 OK.

3 박력분을 넣고 섞어요.

박력분을 넣고 큰 원을 그리듯 반죽에 윤기가 날 때까지 2~3분 섞어 줍니다.

섞다 보면 반죽이 점점 무거워지므로 손에 힘을 주고 확실하게 저어 줍니다.

반죽을 들어 올렸을 때 천천히 떨어지면서 잠시 동안 형태가 남는 정도가 적당해요.

4 우유를 섞어요.

바닐라빈의 깍지를 벗겨내고 우유 1/4 가량을 반죽에 섞어 잘 풀어 줍니다. 남은 우유를 붓고 다시 저어 전체를 액상으로 만들어요.

이 레시피에서는 우유를 데워 바닐라빈의 향이 반죽에 스며들게 합니다. 다른 레시피에서는 상온(약 25℃)에서 반죽합니다. 전체적으로 잘 섞이면 OK.

우유를 다 넣으면 열심히 만든 반죽이 액상이 되는데, 이 정도가 적당하므로 전혀 신경 쓸 필요 없습니다.

5 계란 흰자를 거품 냅니다.

머랭을 만듭니다. 다른 믹싱 볼에 흰자를 넣고 핸드믹서로 30초 정도 저속으로 풀어 줍니다. 그래뉴당 1/2량을 더해 볼 안에서 핸드믹서를 크게 돌리면서 고속으로 30초 정도 거품을 냅니다. 남은 그래뉴당을 넣고 30초 정도 거품을 내고 다시 저속으로 1분 정도 거품을 냅니다. 윤기가 나면서 들어 올렸을 때 봉긋하게 딸려 올라오는 정도가 가장 적당합니다.

설탕을 넣으면 거품이 잘 일어납니다. 처음 30초에 확실하게 기포와 함께 거품을 내주고 마지막 1분 동안 기포를 완전히 없애 줍니다.

들어 올렸을 때 봉긋하게 딸려 올라오는 정도의 굳기가 적당합니다. 곧바로 계란 노른자와 합칩니다.

6 반죽을 합칩니다.

계란 노른자 반죽에 머랭을 넣고 거품기로 반죽을 바닥에서 퍼 올리듯이 5~6회 섞으세요(너무 많이 섞지 말 것). 그다음에 표면에 떠 있는 머랭을 거품기 끝으로 가볍게 섞어 풀어 줍니다.

거품기로 볼 바닥에서 반죽을 퍼 올리듯이 섞어요. 손잡이 끝에 머랭이 끼이면 떨어트려 다시 5~6회 휘핑합니다.

밑에는 액상의 노른자 반죽이 있고 중간에는 머랭과 노른자가 약간 섞여 있으며 맨 위에 작은 덩어리로 분리된 머랭이 있는 상태.

거품기 끝으로 표면의 머랭을 쓰다듬듯이 곱게 쳐 줍니다. 이 정도면 OK.

7 반죽을 틀에 넣어요.

틀에 위 6을 천천히 덜어내고 고무주걱 끝으로 표면을 골라 평평하게 해 줍니다.

반죽은 이 상태. 액체와 머랭은 분리되어 있어도 상관없어요.

덜어내면 액체가 밑으로, 머랭은 표면에 뜹니다. 표면의 머랭을 평평하게 해 줍니다.

8 오븐에서 중탕으로 구워요.

틀을 바트에 앉히고, 바트에 뜨거운 물을 깊이 2㎝ 정도까지 부은 다음 예열한 오븐의 하단에 넣고 30~35분 동안 굽습니다.

치즈 케이크를 만들 때 사용하는 '중탕 굽기'로 굽습니다. 틀을 올려놓은 상태에서 바트에 뜨거운 물을 부어요. 바트 대신에 한 치수 더 큰 틀을 사용해도 됩니다. 바닥이 두꺼운 내열 용기는 불 전달이 너무 약해 플랑 층이 잘 생기지 않을 수 있어 좋지 않습니다. 15~20분 지나서 팬의 앞뒤를 바꾸면 불이 고르게 가해집니다.

9 열기를 빼 주고 냉장실에서 식힙니다.

대꼬챙이를 반죽 끝에서 안쪽으로 비스듬히 꽂아 물컹한 크림 형태의 반죽이 묻으면 OK. 틀째 실온에서 열기를 빼 주고 랩을 덮어 냉장실에서 두 시간 이상 식힙니다. 틀에서 꺼내 설탕 가루를 뿌려 원하는 크기로 자릅니다.

중간층이 크림처럼 되어 있으면 OK. 액체에 가까운 상태일 때는 5분씩 더 구워 상태를 살핍니다. 열기를 확실히 빼 준 다음 냉장실에 넣으세요.

자주 하는 질문
FAQ

 어떻게 세 개의 층이 생기나요?

 **계란 노른자와 머랭의 혼합 방법 그리고
온도 조절이 포인트입니다.**

머랭 부분이 스펀지입니다. 머랭이 곱지 않으면 말랑말랑한 스펀지 반죽이 만들어지지 않으므로 거품을 확실하게 내고, 섞을 때 거품이 꺼지지 않도록 해야 합니다. 액체 부분이 플랑과 크림 층입니다. 낮은 온도에서 차분하게 장시간 구우면 플랑 층이 생겨 불이 멀리 닿는 부분(중간 부분)이 크림 층이 됩니다. 불이 강하거나 필요 이상으로 오래 구우면 크림 부분도 플랑이 되어 버리니 주의해 주세요.

 우유를 넣었더니 질퍽해졌습니다. 괜찮을까요?

 **괜찮습니다!**

과자 반죽을 만드는 일은 다양한 재료를 최대한 자연스럽게 섞어 가는 작업입니다. 마법 케이크의 반죽은 먼저 계란 노른자에 설탕을 섞은 다음 녹인 버터와 밀가루를 섞는데, 이 과정에서 재료를 잘 섞어 주면 맛있는 케이크로 변신할 준비를 마치게 되는 겁니다. 우유를 섞어 질퍽해지더라도 그 성분은 사라지지 않습니다. 안심하고 계속 만드세요.

 가스 오븐을 사용하는데요.
굽는 온도와 시간을 레시피 그대로 해도 괜찮을까요?

 **그대로 해도 괜찮습니다.**

이 책의 레시피는 전기 오븐을 기준으로 합니다. 일반적으로는 전기 오븐보다 가스 오븐이 화력이 강하고 안정적이라 굽는 온도가 낮고 시간이 짧아지는 경향이 있지만, 이 케이크는 이 레시피대로 하면 됩니다. 확실한 이유는 알 수 없으나, 어쩌면 저온에서 장시간 굽는 독특한 방법 때문인지도 모릅니다.

 계란 노른자 반죽은 핸드믹서로 섞어도 되나요?

 **상관없습니다.
단, 머랭을 만들기 전에 믹서 날은 깨끗이 씻고 잘 닦아 주세요.**

머랭을 거품 낼 때 볼이나 거품기에 물기나 기름기가 있으면 흰자의 거품이 잘 일어나지 않아 좋은 머랭이 만들어지지 않습니다. 머랭의 거품을 확실하게 내주어야 스펀지 층의 맛이 좋아지므로 반드시 깨끗이 씻고 잘 닦아 주세요.

 더 달콤하게 하거나 덜 달콤하게 하고 싶을 때는
설탕의 양을 늘리거나 줄여도 괜찮나요?

괜찮습니다.
하지만 머랭의 설탕을 줄이면 안 됩니다.

노른자 반죽의 그래뉴당 양을 조절해 주세요. 5g 정도 더 넣는 것은 상관없습니다. 다만 머랭의 설탕 양을 줄이면
안 됩니다. 머랭의 설탕에는 단맛을 주는 것 말고도 머랭의 거품이 잘 일어나게 하는 기능이 있습니다. 설탕이 없
으면 좋은 머랭을 만들 수 없어 스펀지 부분이 잘 부풀지 않습니다. 그리고 짠맛의 마법 케이크에는 설탕이 들어
있지 않습니다.

  적당한 바트가 없을 땐
틀을 직접 팬에 올려놓고 구워도 되나요?

가능한 무엇이든 올려주세요
파이 접시나 키슈 틀도 좋습니다.

팬에 키친타월 두 장을 겹쳐서 깔고 그 위에 반죽이 든 틀을 올려도 되지만 다량의 뜨거운 물을 부은 팬을 오븐
에 넣는 것은 위험합니다. 가능한 한 치수가 큰 바트나 파이 접시, 키슈 틀을 이용하는 것이 안전합니다. 반드시
200℃ 정도의 내열성이 있는 것으로 사용해 주세요.

  그래뉴당 대신 백설탕을 써도 괜찮나요?

큰 문제는 없지만 맛이 약간 달라집니다.

큰 문제는 없지만 약간 맛이 달라져 원하는 맛이 나오지 않을 수도 있습니다. 기본적으로 과자 레시피에는 순수
한 단맛을 가진 그래뉴당이 좋습니다. 이 책에서는 제과용으로 적격인 미립자 그래뉴당을 사용합니다. 수수설탕
이나 흑설탕은 그 자체에 맛이 있어 권장하지 않습니다.

  우유는 상온에 두어야 하나요?

그렇습니다. 우유가 차가우면 설익을 수 있습니다.

우유의 온도는 22~25℃가 이상적입니다. 동절기에 실온이 낮을 때는 전자레인지로 몇 초 동안 데워 주세요. 우유
가 차가우면 반죽 전체의 온도가 낮아져 불이 전달될 때까지의 시간이 달라집니다. 더 오래 구워야 하므로 크림
층에 불이 너무 많이 가해져 크림이 없어질 수도 있습니다.

  다 구워진 케이크를 빨리 식히고 싶으면
냉장실에 넣어도 되나요?

책임은 질 수 없지만, 잠깐 동안이라면 괜찮습니다.

책임은 질 수 없으나…… 잠깐 동안이라면 괜찮으리라 생각합니다. 다만 냉장실에 넣을 때도 반드시 김은 미리 빼
주세요.

솜씨 있게 잘 만드는 꿀팁
Point essentiel

이것만 잘 지켜 주면
누구나 잘 만들 수 있습니다.
즐겁게 만들어 보세요!

1 계란 노른자와 머랭을 완전히 섞지 마세요.

이 반죽의 가장 큰 특징입니다. 노른자 반죽과 머랭을 합칠 때 완전히 섞이지 않게 해 주세요. 볼 바닥에는 액체에 가까운 노른자 반죽이 1/3 정도, 위에는 머랭이 떠 있으며, 중간부에 약간 섞인 반죽이 있는 위의 사진 같은 상태가 가장 적당합니다. 머랭 덩어리가 떠 있을 때는 거품기 끝으로 약간 고른 후 이 상태로 틀에 부어 주세요.

2 머랭은 정성껏 만들어 주세요.

머랭을 구우면 스펀지 형태가 됩니다. 이 부분이 말랑말랑할수록 식감에 변화가 생겨 맛있어집니다. 머랭은 정성껏 저어서 가능한 한 빨리 노른자와 합쳐서 구워 주세요. 정성껏 거품을 내도 방치해 두면 기포가 점점 사라집니다. 단, 거품을 너무 많이 내면 너무 굳어져 말랑말랑하게 구워지지 않습니다. 거품량을 적당하게 잘 조절해 주세요.

3 박력분은 잘 섞어 줍니다.

계란 노른자 반죽을 만들 때 가장 중요한 단계가 박력분을 섞는 과정입니다. 소맥분이 수분에 접촉하면 글루텐 성분이 생성되어 부드럽고 감칠맛 나는 크림 층이 형성된다는 점을 꼭 기억해 주세요.

4 저온에서 장시간 중탕으로 굽습니다.

이것도 마법 케이크의 중요한 특징입니다. 푸딩이나 치즈 케이크를 촉촉하게 굽고 싶을 때 사용하는 방법입니다. 불을 약하게 해 주면 가운데에 크림 층이 생긴답니다.

잘 안 됐을 때는……

크림 층이 너무 묽을 때
오븐의 힘이 약하면 굽는 온도가 낮거나 굽는 시간이 부족할 수 있습니다. 온도는 10℃씩, 시간은 5분씩 더해 상태를 확인하세요. 바트의 물 온도가 낮거나(약 60℃가 적당), 노른자 반죽과 머랭을 너무 많이 섞었거나(액상의 반죽 체적이 1/2 이상이면 실패하기 쉬움. 1/3 정도가 최적), 냉장실에서 확실하게 식혀지지 않았을 수도 있습니다. 과일 등이 들어가 있으면 열 전달이 잘 안 될 수도 있으니 굽는 시간을 늘려 주세요.

두 층만 만들어졌을 때
두 층으로 만들어진 이유는 너무 많이 구웠기 때문입니다. 굽는 온도를 10℃ 낮추고 굽는 시간을 5분 줄여 보세요. 또 바트의 물 온도가 너무 높거나(약 60℃가 적당) 노른자 반죽과 머랭이 너무 섞여 있을 수도 있습니다. 하지만 이 케이크는 그 나름대로 맛있게 드실 수 있습니다.

어떤 도구를 사용해야 하나요?
Ustensiles

볼

계란 노른자와 흰자를 따로따로 반죽하는 별립 반죽이므로 주로 두 개의 볼을 사용합니다. 여기서 사용하는 것은 지름 20㎝, 깊이 10㎝ 정도의 볼입니다. 넓고 깊은 볼이 휘핑하기 편합니다.

거품기

스테인리스제의, 가능한 한 와이어가 많은 것을 추천합니다. 실리콘 제는 좋지 않습니다. 사진은 제빵사들이 주로 사용하는 매트퍼(MATFER) 제품입니다.

핸드믹서

일반적인 것이면 됩니다. 너무 싼 제품은 믹싱력이 약할 수 있으니 피해 주세요. 레시피의 혼합 시간은 일반적인 기준으로 기재해 둔 것이니, 최종적으로는 반죽 상태를 보고 판단해 주세요.

고무주걱

'고무'라고는 하나 내열성의 실리콘제가 좋습니다. 부드럽게 잘 휘어져 볼의 만곡에도 잘 맞습니다. 일체화되어 있고 불필요한 홈이 적은 것이 좋습니다.

만능 스트레이너

박력분을 체 칠 때 사용합니다. 전용 가루체를 사용해도 됩니다. 그 외에 크림이나 소스를 거르거나 요구르트의 물기를 빼는 데에도 사용합니다.

기타

• 틀에 대해 궁금한 사항은 63쪽을 참조하세요. 기본적으로는 15㎝ 원형 틀을 사용합니다.
• 오븐에서 중탕으로 구울 때에는 바트를 사용합니다.
• 데코레이션을 할 때는 팔레트나이프나 회전대가 있으면 편리합니다.

어떤 재료를 사용해야 하나요?
Ingrédients

그래뉴당

설탕은 그래뉴당을 사용하세요. 가급적이면 제과용의 미립자 타입이 잘 섞여 좋습니다. 백설탕도 좋지만 맛이 약간 달라집니다. 수수설탕이나 흑설탕, 황설탕은 추천하지 않습니다.

박력분

이 책에서는 '슈퍼 바이올렛'이라는 제과용의 유명 상표를 사용하고 있습니다. 국내 브랜드인 '큐원'이나 '백설'도 괜찮습니다.

버터

이 책에서는 기본적으로 소금이 들어간 것을 사용하지 않고 있으나 사용량이 그다지 많지 않아 소금이 조금 가미되어 있어도 괜찮습니다. 발효된 것이 이니어도 좋습니다.

우유

아무 우유나 상관없지만 저지방우유는 사용할 수 없습니다. 두유를 사용하는 레시피도 있습니다만, 담백한 맛이 납니다.

계란

중간 크기의 계란을 사용합니다. 계란 하나당 노른자가 20g, 흰자는 30g 기준입니다. 흰자가 적으면 스펀지 층이 잘 만들어지지 않으니 경우에 따라 한 개 정도의 분량을 더 추가해 주세요.

차례
Sommaire

＊ 일러두기
・재료는 기본적으로 15cm 원형 틀 1개 분량입니다. 레시피에 따라 15cm 사각 틀, 18cm 파운드 형, 지름 10cm 꼬꼬떼(1인분씩 서빙하기 좋은 소형 내열 냄비) 등을 사용하는데, 원형 틀과 동일한 분량을 사용하면 됩니다. 자세한 내용은 63쪽을 참조하세요.
・오븐은 전기 오븐을 사용하고 있습니다. 가열 온도와 시간은 오븐의 종류에 따라 다를 수 있으므로, 구워지는 상태를 확인하며 요리해 주세요.
・전자레인지는 출력이 600W인 제품을 사용하고 있습니다. 사용하시는 전자레인지의 출력(W)에 따라 가열 시간을 조정해 주세요.
・1큰술은 15㎖, 1작은술은 5㎖입니다.

키슈를 닮은 짭짤한 마법의 케이크

시즌 파티용 마법의 케이크

1 다채로운 마법의 케이크

소금 캐러멜
Caramel au beurre salé

재료[지름 15cm 원형 틀 1개 분량]

◆ **소금 캐러멜**

> 물 1작은술
>
> 그래뉴당 100g
>
> 생크림(유지방분 47%) 100㎖
>
> 소금 1/2작은술
>
> 버터 30g

◆ **노른자 반죽**

> 노른자 2개(약40g)
>
> 버터 35g
>
> 박력분 50g
>
> 우유 220㎖

◆ **머랭**

> 흰자 2개(약60g)
>
> 그래뉴당 25g

사전 준비

- 생크림과 우유는 상온(약 25℃)에 둡니다.
- 노른자 반죽의 버터는 중탕으로 녹여 상온(약 25℃)에서 식힙니다.
- 박력분은 체에 칩니다.
- 틀에 오븐 시트를 깔아 줍니다(63쪽 참조).
- 바트에 키친타월 2장을 깔고 오븐 팬에 올립니다.
- 물(분량 외)을 끓인 다음 60℃ 정도로 식혀요.
- 오븐은 150℃로 예열합니다.

1_ 소금 캐러멜을 만듭니다. 작은 냄비에 물과 그래뉴당을 넣고 너무 젓지 말고 중불에 끓여요. 가끔 냄비를 가볍게 흔들어서 전체가 골고루 가열되게 해 주고 그래뉴당이 녹아 갈색으로 바뀌기 시작하면 색이 균일해지도록 고무주걱으로 전체를 섞어 주세요(ⓐ 참조).

2_ 작은 냄비를 가볍게 흔들면서 더 가열해 줍니다. 끓어올라 진한 갈색으로 바뀌면(ⓑ 참조) 불을 끄고 한숨을 돌린 후 생크림을 고무주걱에 대고 조금씩 넣어 줍니다(ⓒ 참조). 다시 약한 불로 가열하면서 고무주걱으로 빠르게 젓습니다(ⓓ 참조).

3_ 완전히 섞이면 불을 끄고 소금과 버터를 넣어 녹인 다음(ⓔ 참조) 실온에서 그대로 식힙니다. 소금 캐러멜 80g은 노른자 반죽으로 사용하고 나머지는 **13**에서 소스로 사용합니다(냉장실에 보관).

4_ 노른자 반죽을 만듭니다. 볼에 노른자를 넣고 거품기로 뒤섞어요.

5_ 녹인 버터를 넣고 전체가 완전히 섞일 때까지 휘저어요.

6_ 박력분을 넣고 큰 원을 그리듯이 덩어리가 없어질 때까지 섞으세요.

7_ **3**의 소금 캐러멜 40g을 넣고 잘 섞어요(ⓕ 참조). 전체적으로 풀렸으면 남은 소금 캐러멜 40g을 넣고(ⓖ 참조) 미끈미끈해질 때까지 2분 정도 섞어요(ⓗ 참조).

8_ 우유의 1/4량을 반죽에 섞어 잘 풀어 줍니다. 남은 우유를 넣고 더 섞어 전체적으로 액상화합니다(ⓘ 참조).

9_ 머랭을 7쪽의 「기본 레시피」 **5**와 같이 만들어요(ⓙ 참조).

10_ 노른자 반죽에 머랭을 넣고 거품기로 반죽을 바닥에서 퍼 올리듯이 5~6회 섞어요(너무 많이 섞지 말 것. ⓚ 참조). 그리고 표면에 떠 있는 머랭을 거품기 끝으로 가볍게 섞어서 풀어 줍니다.

11_ 틀에 **10**을 천천히 붓고 고무주걱 끝으로 표면을 골라 평평하게 합니다.

12_ 틀을 바트에 얹히고 바트에 뜨거운 물을 깊이 2cm 정도까지 부어요(ⓛ 참조). 예열한 오븐의 하단에 넣고 35~40분 굽습니다.

13_ 대꼬챙이를 반죽 끝에서 안쪽으로 비스듬히 꽂아 물컹한 반죽이 묻으면 OK. 틀째 실온에서 열기를 뺀 다음 랩을 넣어 냉장고에서 2시간 이상 식혀요. 틀에서 꺼내 원하는 크기로 자른 다음 **3**의 소스용 소금 캐러멜을 적당량 뿌립니다.

Note

- 약간의 소금이 단맛과 쓴맛을 살려줍니다. 만들기 쉽고 맛있는 레시피예요.
- 소금 캐러멜에 설탕이 들어가 있으므로 노른자 반죽에는 설탕을 넣지 않아요. 수분이 있어 노른자 반죽의 우유를 줄였습니다.
- 소금 캐러멜을 만들 때 생크림을 넣을 때는 절대로 한 번에 붓지 않도록 합니다. 튈 우려가 있거든요.
- 반죽에 소금 캐러멜을 넣었을 때 뻑뻑해서 잘 섞이지 않으면 우유를 약간 넣어 주어도 됩니다.

커피
Café

재료〔15cm 사각 틀 1개 분량〕

◆ **노른자 반죽**
- 노른자 2개(약 40g)
- 그래뉴당 45g
- 버터 60g
- 인스턴트커피(분말) 5g
- 박력분 50g
- 우유 250㎖

◆ **머랭**
- 흰자 2개(약 60g)
- 그래뉴당 25g

호두 20g

사전 준비
- 우유는 상온(약 25℃)에 둡니다.
- 버터는 중탕으로 녹여 상온(약 25℃)에서 식힙니다.
- 호두는 160℃로 예열한 오븐에서 10분 정도 구운 후 열기를 뺀 다음 적당히 썰어 놓습니다.
- 박력분은 체를 칩니다.
- 틀에 오븐 시트를 깔아 줍니다(63쪽 참조).
- 바트에 키친타월 2장을 깔고 오븐 팬에 올립니다.
- 물(분량 외)을 끓인 다음 60℃ 정도로 식힙니다.
- 오븐은 150℃로 예열합니다.

만들기

1　노른자 반죽을 만듭니다. 볼에 노른자와 그래뉴당을 넣고 거품기로 하얗게 변할 때까지 큰 원을 그리듯 섞어요.

2　녹인 버터와 인스턴트 커피를 섞어 커피 분말이 완전히 녹을 때까지 휘저어요.

3　박력분을 넣고 큰 원을 그리듯 반죽에 윤기가 날 때까지 2~3분 섞으세요.

4　우유 양의 1/4을 반죽에 섞어 잘 풀어 줍니다. 남은 우유를 넣고 다시 섞어서 전체를 액상으로 만들어요.

5　머랭을 만듭니다. 다른 볼에 흰자를 넣고 핸드믹서로 30초 정도 저속으로 풀어 줍니다. 그래뉴당의 1/2량을 넣고 볼 중앙에서 핸드믹서를 크게 돌리면서 고속으로 30초 정도 거품을 냅니다. 남은 그래뉴당을 넣고 30초 정도 거품을 내고 저속으로 다시 1분 정도 거품을 내세요. 반죽에 윤기가 나고, 떠올렸을 때 반죽이 봉긋 따라 올라올 정도가 되면 적당합니다.

6　노른자 반죽에 머랭을 넣고 거품기로 반죽을 바닥에서 떠올리듯 5~6회 섞으세요(너무 많이 섞지 말 것). 다시 표면에 뜬 머랭을 거품기 끝으로 가볍게 섞어서 풀어 줍니다.

7　틀에 호두를 골고루 뿌립니다. **6**에 고무주걱을 대고 천천히 밀어 넣은 다음 고무주걱 끝으로 표면을 골라 평평하게 합니다.

8　틀을 바트에 얹히고, 뜨거운 물을 깊이 2cm 정도까지 붓습니다. 그리고 예열한 오븐의 하단에 넣고 30~35분간 구워요.

9　대꼬챙이를 반죽 끝에서 안쪽으로 비스듬히 꽂아 물컹한 크림 상태의 반죽이 묻으면 OK. 틀째 실온에서 열기를 뺀 다음 랩을 덮어 냉장고에서 2시간 이상 식힙니다. 그리고 틀에서 꺼내 원하는 크기로 자릅니다.

Note
- 인스턴트 커피로 가볍게 만들 수 있는 레시피예요.. 기분 좋은 식감을 주기 위해 호두까지 추가했지만 넣지 않아도 충분히 맛있어요..
- 이 레시피처럼 썰어 놓은 호두를 틀에 먼저 넣어 두면 반죽이 고무주걱을 따라 천천히 흘러들어갑니다. 급하게 부으면 틀 바닥에 깐 호두가 한쪽으로 쏠린답니다.

《이 장에 대하여》

▶ 기본 반죽에 약간의 풍미를 더한 베리에이션 모음입니다.
난이도가 그렇게 높지 않아 가볍게 만들 수 있습니다.

▶ 더하는 풍미에 따라 케이크의 맛도 확 바뀝니다. 다양한 맛을 만들어 즐겨 보세요.

▶ 이 케이크는 오븐 기종에 따라 완성도에 차이가 날 수 있습니다.
우선은 이 장의 케이크를 만들면서 오븐에 익숙해져 보세요.

▶ 익숙해지면 직접 맛을 조합해 보세요!

녹차
Matcha

재료(지름 15㎝ 원형 틀 1개 분량)

◆ 노른자 반죽

- 노른자 2개(약 40g)
- 그래뉴당 45g
- 버터 60g
- 박력분 50g
- 녹차 가루 5g
- 우유 250㎖

◆ 머랭

- 흰자 2개(약 60g)
- 그래뉴당 25g

녹차 가루 적당량

사전 준비

- 우유는 상온(약 25℃)에 둡니다.
- 버터는 중탕으로 녹여 상온에서 식힙니다.
- 노른자 반죽의 녹차 가루를 망으로 거르고 다시 박력분과 함께 거릅니다.
- 틀에 오븐 시트를 깔아 줍니다(63쪽 참조).
- 바트에 키친타월 2장을 깔고 오븐 팬에 올립니다.
- 물(분량 외)을 끓인 다음 60℃ 정도로 식힙니다.
- 오븐은 150℃로 예열합니다.

만들기

1_ 노른자 반죽을 만듭니다. 볼에 노른자와 그래뉴당을 넣고 거품기로 하얗게 변할 때까지 큰 원을 그리듯 섞으세요.

2_ 녹인 버터를 넣고 전체적으로 완전히 배이도록 섞어요.

3_ 녹차 가루와 합친 박력분을 넣고 큰 원을 그리듯 반죽에 윤기가 날 때까지 2~3분 섞어요.

4_ 우유의 1/4량을 반죽에 섞어 잘 풀어 줍니다. 남은 우유를 넣고 다시 섞어 전체를 액상으로 만들어 줍니다.

5_ 머랭을 7쪽의 「기본 레시피」 **5**와 동일하게 만듭니다.

6_ 노른자 반죽에 머랭을 넣고 반죽을 바닥에서 퍼 올리듯이 거품기로 5~6회 섞어요(너무 많이 섞지 말 것). 그리고 표면에 떠 있는 머랭을 거품기 끝으로 가볍게 섞어 풀어 줍니다.

7_ 틀에 **6**을 천천히 붓고 고무주걱으로 표면을 골라 평평하게 해 줍니다.

8_ 틀을 바트에 얹히고, 바트에 뜨거운 물을 깊이 2㎝ 정도까지 붓습니다. 그리고 예열한 오븐의 하단에 넣고 30~35분 굽습니다.

9_ 대꼬챙이를 반죽 끝에서 안쪽으로 비스듬히 찔러 물컹한 크림 같은 반죽이 묻어 나오면 OK. 틀째 실온에서 열기를 빼 준 다음 랩을 덮어 냉장실에서 2시간 이상 식힙니다. 그런 다음 틀에서 꺼내 원하는 크기로 자른 후 녹차 가루를 뿌립니다.

Note

- 또렷한 녹색이 포인트인 마법의 케이크. 팥을 넣어도 좋습니다.
- 녹차 가루가 들어 있으면 머랭이 잘 오므라들어요. 노른자 반죽과 머랭을 합칠 때부터는 빠르게 하는 것이 좋아요.

재료〔18㎝ 파운드 틀 2개 분량〕

◆ 노른자 반죽

노른자 2개(약 40g)

그래뉴당 45g

버터 60g

홍차 잎 3g

박력분 50g

우유 250㎖

◆ 머랭

흰자 2개(약 60g)

그래뉴당 25g

사전 준비

- 우유는 상온(약 25℃)에 둡니다.
- 버터는 중탕으로 녹여 상온(약 25℃)에서 식힙니다.
- 홍차 잎은 가능한 한 잘게 썰어 박력분과 함께 체에 칩니다.
- 틀에 오븐 시트를 깔아 줍니다(63쪽 참조).
- 바트에 키친타월 2장을 깔고 오븐 팬에 올립니다.
- 물(분량 외)을 끓인 다음 60℃ 정도로 식힙니다.
- 오븐은 150℃로 예열합니다.

만들기

1_ 노른자 반죽을 만듭니다. 볼에 노른자와 그래뉴당을 넣고 거품기로 하얗게 변할 때까지 큰 원을 그리듯 섞어요.

2_ 녹인 버터를 넣고 전체적으로 잘 섞어 줍니다.

3_ 홍차 잎을 섞은 박력분을 넣고 큰 원을 그리듯 반죽에 윤기가 날 때까지 2~3분 섞어요.

4_ 우유의 1/4량을 섞어 잘 풀어 줍니다. 남은 우유를 넣고 한 번 더 섞어 전체를 액상으로 만들어 줍니다.

5_ 머랭을 7쪽의 「기본 레시피」 **5**와 동일하게 만듭니다.

6_ 노른자 반죽에 머랭을 넣고 거품기로 반죽을 바닥에서 퍼 올리듯이 5~6회 섞어요(너무 많이 섞지 말 것). 그리고 표면에 떠 있는 머랭을 거품기 끝으로 가볍게 섞어서 풀어 줍니다.

7_ 틀에 **6**을 천천히 붓고 고무주걱으로 표면을 골라 평평하게 해 줍니다.

8_ 틀을 바트에 얹히고, 바트에 뜨거운 물을 깊이 2㎝ 정도까지 붓습니다. 그리고 예열한 오븐의 하단에 넣고 30~35분 구워요.

9_ 대나무 꼬챙이를 반죽 안쪽으로 비스듬히 찔러 물컹한 크림 같은 반죽이 묻어 나오면 OK. 틀째 실온에서 열기를 빼 주고 랩을 덮어 냉장실에서 2시간 이상 식힙니다. 그리고 틀에서 꺼내 원하는 크기로 자릅니다.

Note

- 홍차와도 잘 어울려요. 홍차 잎은 얼그레이든 다르질링이든 원하는 것으로 고르세요.
- 홍차 잎은 거칠게 바스러뜨리면 식감이 떨어질 수 있어요. 티백 홍차는 미리 잘게 갈아놓은 것을 추천합니다. 제과용 홍차(분쇄 타입)를 사용하는 것도 좋은 방법입니다.
- 파운드 틀에 반죽을 부을 때는 국자를 사용하면 좋아요.

홍차
Thé noir

피낭시에
Financier magique

재료〔지름 15㎝ 원형 틀 1개 분량〕

◆ **노른자 반죽**
- 노른자 2개〔약 40g〕
- 그래뉴당 45g
- 버터 60g
- 박력분 25g
- 아몬드 가루 30g
- 우유 250㎖

◆ **머랭**
- 흰자 2개〔약 60g〕
- 그래뉴당 25g

아몬드 다이스〔구운 것〕 적당량

사전 준비

- 6쪽 「기본 레시피」의 사전 준비와 동일하게 합니다. 단, 우유는 가열하지 않고 상온(약 25℃)에만 두면 됩니다(바닐라빈도 필요 없음). 버터는 녹이지 않아요. 박력분은 아몬드 가루와 합쳐 체에 칩니다.
- 그을린 버터를 만듭니다. 미리 볼에 물을 채워 두세요. 작은 냄비에 버터를 넣고 중불에서 버터가 녹기 시작하면 고무주걱으로 전체를 섞으면서 녹입니다. 거품이 없어지고 옅은 갈색으로 변하면 냄비 바닥을 볼에 담가 그 이상 센 불이 들어가지 않도록 해 주세요. 냄비가 식으면 볼에서 꺼내 망으로 거르고 그대로 상온(약 25℃)에서 식힙니다.

만들기

6~7쪽의 「기본 레시피」1~9처럼 노른자 반죽과 머랭을 만들어 섞고, 150℃로 예열한 오븐에서 35~40분 구워 열기를 빼 준 후 냉장실에서 식힙니다. 단, 2에서 녹인 버터 대신 그을린 버터를 넣고 섞어요. 9에서 원하는 크기로 잘라 가루설탕 대신 아몬드 다이스를 뿌립니다.

Note
- 그을린 버터와 아몬드의 풍미가 특징인 데미세크와 피낭시에를 이미지화한 마법의 케이크. 녹인 버터 대신에 그을린 버터를 사용해요..
- 그을린 버터를 너무 식히면 굳어 버리니 주의하세요..

치즈 케이크
Cheese-cake magique

재료 (지름 15㎝ 원형 틀 1개 분량)

◆ **노른자 반죽**

> 노른자 2개 (약 40g)
>
> 그래뉴당 45g
>
> 크림치즈 100g
>
> 박력분 45g
>
> 우유 180㎖

◆ **머랭**

> 2개 (약 60g)
>
> 그래뉴당 25g

사전 준비

- 크림치즈는 상온(약 25℃)에 두고 손가락이 쑥 들어갈 정도로 부드러울 때가 적당합니다.
- 우유는 상온(약 25℃)에 둡니다.
- 박력분은 체에 칩니다.
- 틀에 오븐 시트를 깔아 줍니다(63쪽 참조).
- 바트에 키친타월 2장을 깔고 오븐 팬에 올립니다.
- 물(분량 외)을 끓인 다음 60℃ 정도로 식힙니다.
- 오븐은 150℃로 예열합니다.

만들기

1_ 노른자 반죽을 만듭니다. 볼에 노른자와 그래뉴당을 넣고 거품기로 하얗게 변할 때까지 큰 원을 그리듯 섞습니다.

2_ 크림치즈를 넣고 전체기 안전히 배이도록 섞어요.

3_ 박력분을 넣고 큰 원을 그리듯 반죽에 윤기가 날 때까지 2~3분 섞어요.

4_ 우유 1/4을 넣고 반죽에 섞어 잘 풀어 줍니다. 남은 우유를 더 넣고 섞어 전체를 액상으로 만들어 줍니다.

5_ 머랭을 7쪽 「기본 레시피」 **5**와 동일하게 만듭니다.

6_ 노른자 반죽에 머랭을 넣고 거품기로 밑에서 퍼 올리듯이 5~6회 섞어요(너무 많이 섞지 말 것). 그리고 표면에 떠 있는 머랭을 거품기 끝으로 가볍게 섞어서 풀어 줍니다.

7_ 틀에 **6**을 천천히 붓고 고무주걱으로 표면을 잘 풀어 고르게 해 줍니다.

8_ 틀을 바트에 앉히고 뜨거운 물을 깊이 2㎝ 정도까지 붓습니다. 예열한 오븐의 하단에 넣고 30~35분 구워요.

9_ 대꼬챙이를 반죽 끝에서 안쪽으로 비스듬히 찔러 물컹한 크림 같은 반죽이 묻어 나오면 OK. 틀째 실온에서 열기를 빼 주고 랩을 덮어 냉장실에서 2시간 이상 식히세요. 그리고 틀에서 꺼내 원하는 크기로 자릅니다.

Note

- 버터 대신에 크림치즈를 사용합니다. 치즈 케이크 같은 진하고 깊은 맛을 즐길 수 있어요.
- 크림치즈가 들어간 만큼 우유는 줄입니다.

화이트 초콜릿
Chocolat blanc

재료〔지름 15㎝ 원형 틀 1개 분량〕

◆ 노른자 반죽

  노른자 2개(약 40g)

  그래뉴당 20g

  버터 50g

  화이트 초콜릿(커버추어) 80g

  박력분 50g

  우유 250㎖

◆ 머랭

  흰자 2개(약 60g)

  그래뉴당 25g

화이트 초콜릿
제과용 커버추어 초콜릿을 사용하세요. 발로나(VALRHONA)사의 '이보아르' 등을 추천합니다.

사전 준비

• 우유는 상온(약 25℃)에 둡니다.

• 화이트 초콜릿은 잘게 썰어 버터와 함께 중탕으로 녹인 후(ⓐ 참조) 거품기로 섞어 줍니다(중탕불을 끄고 그대로 둡니다).

• 박력분은 체로 거릅니다.

• 틀에 오븐 시트를 깔아 줍니다(63쪽 참조).

• 바트에 키친타월 2장을 깔고 오븐 팬에 올립니다.

• 물(분량 외)을 끓인 다음 60℃ 정도로 식힙니다.

• 오븐은 150℃로 예열합니다.

만들기

1_ 노른자 반죽을 만듭니다. 볼에 노른자와 그래뉴당을 넣고 거품기로 하얗게 변할 때까지 큰 원을 그리듯 섞습니다(ⓑ 참조).

2_ 녹인 버터와 화이트 초콜릿을 약간 넣고(ⓒ 참조) 전체적으로 잘 섞이게 해 주세요(ⓓ 참조).

3_ 박력분을 넣고 큰 원을 그리듯 반죽에 윤기가 날 때까지 2~3분 섞어요(ⓔ 참조).

4_ 우유 1/4량을 반죽에 섞어 잘 풀어 줍니다. 남은 우유를 넣고 한 번 더 섞어 전체를 액상으로 만들어 줍니다(ⓕ 참조).

5_ 머랭을 만듭니다. 다른 볼에 흰자를 넣고 핸드믹서로 30초 정도 저속으로 풀어 줍니다. 그리고 그래뉴당 1/2량을 넣어 볼 안에서 핸드믹서를 크게 돌리면서 고속으로 30초 정도 거품을 냅니다. 남은 그래뉴당을 넣고 30초 정도 거품을 내고 저속으로 다시 한번 1분 정도 거품을 내세요. 윤기가 나고 떠올려서 봉긋이 따라 올라올 정도면 OK(ⓖ 참조).

6_ 노른자 반죽에 머랭을 넣고 거품기로 반죽을 바닥에서 퍼 올리듯 5~6회 섞어요(너무 많이 섞지 말 것, ⓗ 참조). 그리고 표면에 떠 있는 머랭을 거품기 끝으로 가볍게 섞어 풀어 줍니다(ⓘ 참조).

7_ 틀에 **6**을 천천히 붓고(ⓙ 참조), 고무주걱 끝으로 표면을 골라 평평하게 해 줍니다.

8_ 틀을 바트에 앉히고 바트에 뜨거운 물을 깊이 2㎝ 정도까지 붓습니다(ⓚ 참조). 그리고 예열한 오븐의 하단에 넣고 35~40분 구워요.

9_ 대꼬챙이를 반죽 끝에서 안쪽으로 비스듬히 찔러 물컹한 크림 같은 반죽이 묻어 나오면 OK(ⓛ 참조). 틀째 실온에서 열기를 빼 준 후 랩으로 덮어 냉장실에서 2시간 이상 식힙니다. 그리고 틀에서 꺼내 원하는 크기로 자릅니다.

Note

• 화이트 초콜릿의 순한 맛이 정말 맛있는 마법의 케이크.

• 중탕으로 녹인 버터와 하이트 초콜릿은 식힐 필요가 없어요. 초콜릿은 반죽과 잘 섞이지 않으니 따뜻한 상태일 때 넣는 것이 좋아요.

• 반죽에 버터와 화이트 초콜릿을 넣으면 상당히 무거워지는데, 진득하고 확실하게 잘 섞을 것.

• 화이트 초콜릿이 들어가므로 노른자 반죽의 그래뉴당과 버터량을 줄였습니다.

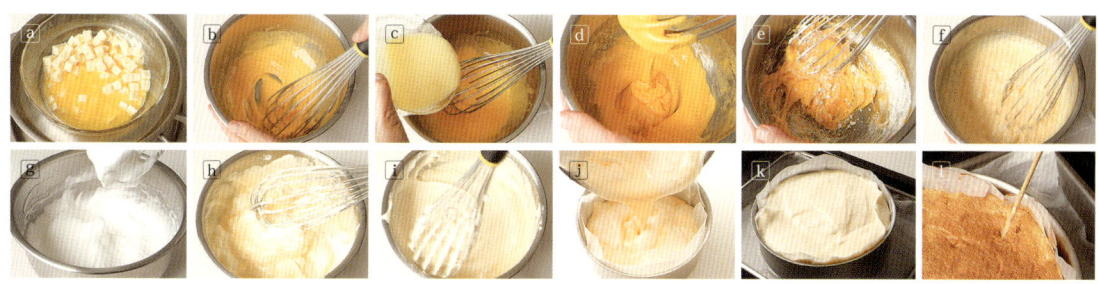

24

재료 (15cm 스퀘어 틀 1개 분량)

◆ 노른자 반죽

노른자 2개 (약 40g)

메이플 시럽 60g

버터 60g

박력분 50g

우유 200㎖

◆ 머랭

흰자 2개 (약 60g)

그래뉴당 25g

고구마 150g

사전 준비

- 6쪽 「기본 레시피」의 사전 준비와 동일합니다. 단, 우유는 가열하지 않고 상온(약 25℃)에 둡니다 (바닐라빈도 필요 없음).

- 고구마는 껍질을 벗기지 않고 잘 씻어서 사방 1 cm 크기로 썹니다. 내열 접시에 담아 랩을 덮고 전자레인지로 1분 정도 가열하여 부드럽게 해 줍니다. 열기를 빼 준 다음 키친타월로 물기를 완전히 닦아냅니다.

만들기

1_ 노른자 반죽을 만듭니다. 볼에 노른자와 메이플 시럽을 넣고 거품기로 전체적으로 잘 섞이도록 1분 정도 휘저으세요.

2_ 녹인 버터를 넣고 완전히 섞일 때까지 저어 줍니다.

3_ 박력분을 넣고 큰 원을 그리듯 반죽에 윤기가 날 때까지 2~3분 섞어요.

4_ 우유의 1/4량을 반죽에 섞어 잘 풀어 줍니다. 남은 우유를 더 넣고 전체를 액상으로 만들어 줍니다.

5_ 머랭을 7쪽의 「기본 레시피」 5와 동일한 방법으로 만듭니다.

6_ 노른자 반죽에 머랭을 넣고 거품기로 반죽을 바닥에서 퍼 올리듯이 5~6회 섞어요(너무 많이 섞지 말 것). 그리고 표면에 떠 있는 머랭을 거품기 끝으로 가볍게 풀어 줍니다.

7_ 틀에 고구마를 골고루 펴서 6을 고무주걱에 대고 천천히 넣어요. 고무주걱 끝으로 표면을 섞어서 평평하게 해 줍니다.

8_ 틀을 바트에 얹히고 바트에 끓는 물을 깊이 2cm 정도까지 부어요. 150℃로 예열한 오븐의 하단에 넣고 30~35분 굽습니다.

9_ 대꼬챙이를 반죽 끝에서 안쪽으로 찔러 크림 상태의 반죽이 묻으면 OK. 틀째 실온에서 열기를 빼 주고 랩을 덮어 냉장실에서 2시간 이상 식힙니다. 그리고 틀에서 꺼내 원하는 크기로 자릅니다.

Note

- 메이플 시럽에 고구마. 부드러운 단맛의 콜라보레이션.
- 노른자 반죽에서 그래뉴당 대신 메이플 시럽을 사용해요. 노른자와 메이플 시럽은 섞어도 흰빛이 나지 않으므로 잘 섞으면 문제 없어요.

메이플
Érable

재료〔지름 15㎝ 원형 틀 1개 분량〕

◆ **노른자 반죽**

노른자 2개(약40g)

그래뉴당 15g

벌꿀 40g

버터 60g

박력분 55g

우유 220㎖

◆ **머랭**

흰자 2개(약60g)

그래뉴당 25g

벌꿀 적당량

사전 준비

- 우유는 상온(약 25℃)에 둡니다.
- 버터는 중탕으로 녹여 상온(약 25℃)에서 식힙니다.
- 박력분은 체에 칩니다.
- 틀에 오븐 시트를 깔아 줍니다(63쪽 참조).
- 바트에 키친타월 2장을 깔고 오븐 팬에 올립니다.
- 물(분량 외)을 끓인 다음 60℃ 정도로 식힙니다.
- 오븐은 150℃로 예열합니다.

만들기

1_ 노른자 반죽을 만듭니다. 볼에 노른자와 그래뉴당을 넣고 거품기로 전체가 하얗게 될 때까지 큰 원을 그리듯 저어요.

2_ 벌꿀을 넣고 전체가 완전히 풀리도록 1분 정도 섞어요.

3_ 녹인 버터를 넣고 전체가 완전히 풀리도록 섞어요.

4_ 박력분을 넣고 큰 원을 그리듯 반죽이 하얗게 될 때까지 2~3분 섞어요.

5_ 우유의 1/4량을 반죽에 섞어 잘 풀어 줍니다. 남은 우유를 넣고 다시 섞어 전체를 액상으로 만들어 줍니다.

6_ 머랭을 7쪽의 「기본 레시피」 **5**와 동일하게 만듭니다.

7_ 노른자 반죽에 머랭을 넣고 거품기로 반죽을 바닥에서 퍼 올리듯이 5~6회 섞어요(너무 많이 섞지 말 것). 그리고 표면에 떠 있는 머랭을 거품기 끝으로 가볍게 섞어 풀어 줍니다.

8_ 틀에 **7**을 천천히 붓고 고무주걱으로 표면을 골라 평평하게 해 줍니다.

9_ 틀을 바트 위에 올린 다음 바트에 뜨거운 물을 깊이 2㎝ 정도까지 붓습니다. 그리고 예열한 오븐의 하단에 넣고 35~40분 구워요.

10_ 대꼬챙이를 반죽 끝에서 안쪽으로 찔러 물컹한 크림 같은 것이 묻어 나오면 OK. 틀째 실온에서 열기를 빼 주고 랩을 덮어 냉장실에서 2시간 이상 식힙니다. 그리고 틀에서 꺼내 원하는 크기로 자릅니다.

Note

- 노란 반죽의 그래뉴당 일부를 벌꿀로 하고 다시 마무리로 벌꿀을 바릅니다. 촉촉한 단맛이 더해져 더 맛있어진답니다.

벌꿀
Miel

재료〔지름 15cm 원형 틀 1개 분량〕

◆ 노른자 반죽

노른자 2개(약 40g)

그래뉴당 45g

버터 60g

박력분 50g

피스타치오(껍질 없는) 15g

우유 250mℓ

◆ 머랭

흰자 2개(약 60g)

그래뉴당 25g

사전 준비

• 6쪽 「기본 레시피」의 사전 준비와 동일하게 합니다. 단, 우유는 가열하지 않고 상온(약 25℃)에만 두면 됩니다(바닐라빈도 필요 없음).

• 피스타치오는 절구에 넣고 찧습니다. 우유 2큰술을 넣고 풀어 준 후 남은 우유를 더 넣어 잘 섞어 줍니다.

만들기

1_ 노른자 반죽을 만듭니다. 볼에 노른자와 그래뉴당을 넣고 거품기 끝으로 가볍게 섞어서 풀어 줍니다.

2_ 녹인 버터를 넣고 전체가 완전히 풀리도록 섞어요.

3_ 박력분을 넣고 큰 원을 그리듯 반죽이 하얗게 될 때까지 2~3분 섞어요.

4_ 피스타치오를 섞은 우유 1/4량을 넣고 반죽에 섞어 잘 풀어 줍니다. 남은 우유를 넣고 다시 섞어 전체를 액상으로 만들어 줍니다.

5_ 머랭을 7쪽의 「기본 레시피」 5와 동일하게 만듭니다.

6_ 노른자 반죽에 머랭을 넣고 거품기로 반죽을 바닥에서 퍼 올리듯이 5~6회 섞어요(너무 많이 섞지 말 것). 그리고 표면에 떠 있는 머랭을 거품기 끝으로 가볍게 섞어 풀어 줍니다.

7_ 틀에 6을 천천히 흘려 넣고 고무주걱으로 표면을 골라서 평평하게 합니다.

8_ 틀을 바트에 앉히고 바트에 뜨거운 물을 깊이 2cm 정도까지 붓습니다. 그리고 150℃로 예열한 오븐의 하단에 넣고 35~40분 구워요.

9_ 대꼬챙이를 반죽 끝에서 안쪽으로 비스듬히 찔러 크림 같은 반죽이 묻어 나오면 OK. 틀째 실온에서 열기를 빼 준 다음 랩을 덮어 냉장실에서 2시간 이상 식힙니다. 그리고 틀에서 꺼내 원하는 크기로 자릅니다.

Note

• 피스타치오의 풍미를 살린 중후한 맛의 마법 케이크.

• 절구가 없다면 믹서나 식칼로 피스타치오를 가능한 한 잘게 썰어 주세요. 마무리 시에 거칠게 썬 피스타치오를 뿌려도 좋아요.

피스타치오
Pistache

재료〔지름 15㎝ 원형 틀 1개 분량〕

◆ **노른자 반죽**

노른자 2개(약 40g)

그래뉴당 35g

버터 30g

피너츠버터(굵게 간 알이 든 것) 50g

박력분 50g

우유 250㎖

◆ **머랭**

흰자 2개(약 60g)

그래뉴당 25g

피너츠버터
여기서는 굵게 간 땅콩이 들어간 청
키(알갱이가 들어 있는) 타입을 사
용. 제조사에 따라 단맛이 다르니 입
맛에 맞게 선택할 것.

사전 준비

• 6쪽 「기본 레시피」의 사전 준비와 동일하게 합니
다. 단, 우유는 가열하지 않고 상온(약 25℃)에만
두면 됩니다(바닐라빈도 필요 없음).

• 피너츠버터는 중탕으로 부드럽게 해 줍니다.

만들기

1_ 노른자 반죽을 만듭니다. 볼에 노른자와 그래뉴당을 넣고 거품기로 전체가
하얗게 변할 때까지 큰 원을 그리듯 저어요.

2_ 녹인 버터와 피너츠버터를 차례로 넣고 그때마다 전체가 완전히 풀리도록 섞
어요.

3_ 박력분과 우유를 3~4큰술 넣고 반죽이 하얗게 될 때까지 2~3분 섞어요.

4_ 쓰고 남은 우유의 1/4량을 반죽에 섞고 잘 풀어 줍니다. 남은 우유를 전부 넣고
다시 섞어 전체를 액상으로 만들어 줍니다.

5_ 머랭을 7쪽의 「기본 레시피」 **5**와 동일하게 만듭니다.

6_ 노른자 반죽에 머랭을 넣고 거품기로 반죽을 떠올리듯이 5~6회 섞어요(너무
많이 섞지 말 것). 그리고 표면에 떠 있는 머랭을 거품기 끝으로 가볍게 섞어 풀어 줍
니다.

7_ 틀에 **6**을 천천히 붓고 고무주걱으로 표면을 잘 골라 평평하게 해 줍니다.

8_ 틀을 바트에 앉히고 바트에 뜨거운 물을 깊이 2㎝ 정도까지 부어요. 그리고
150℃로 예열한 오븐 밑에 넣고 30~35분 구워요.

9_ 대꼬챙이를 반죽 끝에서 안쪽으로 비스듬히 찔러 크림 같은 반죽이 묻어 나
오면 OK. 틀째 실온에서 열기를 빼 준 다음 랩을 덮어 냉장실에서 2시간 이상 식힙
니다. 그리고 틀에서 꺼내 원하는 크기로 자릅니다.

Note

• 농후한 단맛을 즐길 수 있는 마법의 케이크. 피너츠 알맹이가 포인트입니다.

• 피너츠버터는 제조사에 따라 단맛이 다르므로 노른자 반죽의 그래뉴당으로 당도를 조절합니다.
±5g 정도가 적당해요.

• 반죽이 무거워 이 레시피에서는 먼저 우유를 약간 넣어 섞기 쉽게 했어요.

피너츠버터
Beurre de cacahuète

스파이스
Épices

재료〔지름 15㎝ 원형 틀 1개 분량〕

◆ **노른자 반죽**

노른자 2개 (약 40g)

그래뉴당 45g

버터 60g

박력분 50g

아니스 파우더, 시나몬 파우더,

진저 파우더, 육두구 각 1/5작은술

우유 250㎖

◆ **머랭**

흰자 2개 (약 60g)

그래뉴당 25g

각종 스파이스 파우더
위에 언급한 4종류 이외라도 가능해요. 조합 방법에 따라 여러 가지 풍미를 즐길 수 있어요. 몇 가지가 섞인 믹스 스파이스를 사용해도 된답니다.

사전 준비

- 우유는 상온(약 25℃)에 둡니다.
- 버터는 중탕으로 녹여 상온(약 25℃)에서 식힙니다.
- 박력분, 아니스, 시나몬, 진저, 육두구는 함께 체에 칩니다(a 참조).
- 틀에 오븐 시트를 깔아 줍니다(63쪽 참조).
- 바트에 키친타월 2장을 깔고 오븐 팬에 올립니다.
- 물(분량 외)을 끓인 다음 60℃ 정도로 식힙니다.
- 오븐은 150℃로 예열합니다.

만들기

1_ 노른자 반죽을 만듭니다. 볼에 노른자와 그래뉴당을 넣고 거품기로 전체가 하얗게 될 때까지 원을 그리듯 저어요.

2_ 녹인 버터를 넣고 전체가 완전히 풀리도록 섞어요.

3_ 스파이스를 더한 박력분을 넣고 큰 원을 그리듯 반죽에 윤기가 날 때까지 2~3분 섞어요(b 참조).

4_ 우유의 1/4량을 반죽에 섞어 잘 풀어 줍니다. 남은 우유를 넣고 다시 섞어 전체를 액상으로 만들어 줍니다(c 참조).

5_ 머랭을 만듭니다. 다른 볼에 흰자를 넣고 핸드믹서로 30초 정도 저속으로 풀어 줍니다. 그래뉴당 1/2을 넣고 볼 안에서 핸드믹서를 크게 돌리면서 고속으로 30초 정도 거품을 냅니다. 윤기가 나고 떠올려서 반죽이 봉긋 따라 올라올 정도면 OK(d 참조).

6_ 노른자 반죽에 머랭을 넣고 거품기로 반죽을 바닥에서 떠올리듯이 5~6회 섞어요(너무 많이 섞지 말 것, e 참조). 그리고 표면에 떠 있는 머랭을 거품기 끝으로 가볍게 섞어 풀어 줍니다.

7_ 틀에 6을 천천히 붓고 고무주걱 끝으로 표면을 섞어 평평하게 해 줍니다.

8_ 틀을 바트에 얹히고 바트에 뜨거운 물을 깊이 2㎝ 정도까지 붓습니다. 그리고 예열한 오븐의 하단에 넣고 30~35분 구워요.

9_ 대꼬챙이를 반죽 끝에서 안쪽으로 비스듬히 찔러 물컹한 크림 같은 반죽이 묻어 나오면 OK. 틀째로 실온에서 열기를 빼 주고 랩을 덮어 냉장실에서 2시간 이상 식힙니다. 그리고 틀에서 꺼내 원하는 크기로 자릅니다.

Note
- 스파이스의 조합에 따라 여러 가지 맛을 즐길 수 있는 마법의 케이크.
- 좋아하는 스파이스가 있으면 사용해 보세요. 시나몬 + 정향 + 올스파이스(정향과 올스파이스는 적게) 조합도 좋아요. 총량을 1작은술 조금 안 되게 하면 OK.
- 여러 가지를 합치면 깊은 맛을 내지만 모든 스파이스를 준비할 필요는 없어요. 시나몬만 있어도 OK.

참깨
Sésame

재료 (15㎝ 스퀘어 틀 1개 분량)

◆ 노른자 반죽

노른자 2개 (약 40g)

그래뉴당 45g

버터 60g

박력분 50g

빻은 검정 참깨 10g

두유 (무조정) 250㎖

◆ 머랭

흰자 2개 (약 60g)

그래뉴당 25g

사전 준비

• 두유는 상온(약 25℃)에 둡니다.

• 버터는 중탕으로 녹여 상온(약 25℃)에서 식힙니다.

• 박력분은 체로 걸러 빻은 검정 참깨와 섞어 줍니다.

• 틀에 오븐 시트를 깔아 줍니다(63쪽 참조).

• 바트에 키친타월 2장을 깔고 오븐 팬에 올립니다.

• 물(분량 외)을 끓인 다음 60℃ 정도로 식힙니다.

• 오븐은 150℃로 예열합니다.

만들기

1_ 노른자 반죽을 만듭니다. 볼에 노른자와 그래뉴당을 넣고 거품기로 전체가 완전히 하얗게 될 때까지 큰 원을 그리듯 저어요.

2_ 녹인 버터를 넣고 전체적으로 잘 풀어지도록 섞어요.

3_ 빻은 검정 참깨와 합친 박력분을 넣고 큰 원을 그리듯 반죽에 윤기가 날 때까지 2~3분 섞어요.

4_ 두유의 1/4량을 반죽에 섞어 잘 풀어 줍니다. 남은 두유를 넣고 다시 섞어 전체를 액상으로 만들어 줍니다.

5_ 머랭을 7쪽의 「기본 레시피」**5**와 동일하게 만듭니다.

6_ 노른자 반죽에 머랭을 넣고 거품기로 반죽을 바닥에서 퍼 올리듯이 5~6회 섞어요(너무 많이 섞지 말 것). 그리고 표면에 떠 있는 머랭을 거품기로 가볍게 풀어 줍니다.

7_ 틀에 **6**을 천천히 붓고 고무주걱 끝으로 표면을 섞어 평평하게 해 줍니다.

8_ 틀을 바트에 앉히고 바트에 뜨거운 물을 깊이 2㎝ 정도까지 부어요. 그리고 예열한 오븐의 하단에 넣고 30~35분 구워요.

9_ 대꼬챙이를 반죽 끝에서 안쪽으로 비스듬히 찔러 물컹한 크림 같은 것이 묻어 나오면 OK. 틀째로 실온에서 열기를 빼 주고 랩을 덮어 냉장실에서 2시간 이상 식힙니다. 그리고 틀에서 꺼내 원하는 크기로 자릅니다.

Note

• 일본 전통 과자풍의 수준 높은 마법의 케이크.

• 두유라서 순하게 완성되지만 두유 대신에 같은 양의 우유로 만들어도 관계없어요.

재료 배합 요령
Variante

익숙해지면 오리지널 케이크를 만들어 봅시다. 과일이나 밀가루만 더해도
여러 가지 맛으로 만들어 볼 수 있습니다. 이때의 주의점을 정리했습니다.

과일을 넣을 때는……

1 과일 맛에 따라 노른자 반죽의 설탕 양을 가감합니다.

→ 과일이 충분히 달 때는 −5g 정도, 단맛이 부족할 때는 +5~10g 정도가 적당해요.

2 과일의 분량에 따라 밀가루의 양과 우유의 양을 가감합니다.

→ 수분이 많은 과일인 경우의 밀가루 양은 +5g 우유는 −5㎖가 적당해요.

3 키친타월 등으로 불필요한 수분을 닦아냅니다.

→ 특히 냉동되어 있는 과일은 해동 시에 수분이 많이 나오므로 잘 닦아 주세요.

4 과일에서 수분이 나와 숙성 시간이 약간 길어집니다.

→ +5~10분 정도가 적당해요.

코코아파우더를 넣을 때는……

1 사전 준비로 박력분과 합쳐 체에 칩니다.

→ 가능한 균일해지도록.

2 노른자 반죽에 밀가루를 섞으면 반죽이 매우 딱딱해지므로 우유를 조금 넣어 줍니다.

→ 1~3큰술 정도. 반죽 전체를 약간 부드럽게 해 줍니다.

3 노른자 반죽이 딱딱해지므로 우유는 50℃ 정도로 데워 둡니다.

→ 중탕으로 데우거나 전자레인지로 살짝 가열해도 됩니다.

초콜릿을 넣을 때는……

1 버터와 함께 중탕으로 녹여 잘 섞어 준 다음 노른자 반죽에 넣으세요.

→ 분리하기가 매우 쉬워 작은 거품기만 있으면 됩니다. 따뜻한 상태로 반죽에 넣으세요.

2 노른자 반죽이 딱딱해지므로 우유는 50℃ 정도로 데워 둡니다.

→ 중탕으로 데우거나 전자레인지로 살짝 가열해도 됩니다.

11 과일과
함께 즐기는
마법의 케이크

사과
Pomme

재료〔지름 15㎝ 원형 틀 1개 분량〕

◆ 사과 캐러멜 조림

| 사과 1개(껍질 벗긴 것 250g)
| 물 1작은술
| 그래뉴당 40g

◆ 노른자 반죽

| 노른자 2개(약 40g)
| 그래뉴당 45g
| 버터 60g
| 박력분 55g
| 우유 250㎖

◆ 머랭

| 흰자 2개(약 60g)
| 그래뉴당 25g

사전 준비

- 우유는 상온(약 25℃)에 둡니다.
- 버터는 중탕으로 녹여 상온(약 25℃)에서 식힙니다.
- 박력분은 체에 칩니다.
- 틀에 오븐 시트를 깔아 줍니다(63쪽 참조).
- 바트에 키친타월을 2장 깔고 오븐 팬에 올립니다.
- 물(분량 외)을 끓인 다음 60℃ 정도로 식힙니다.
- 오븐은 150℃로 예열합니다.

만들기

1_ 사과 캐러멜 조림을 만듭니다. 사과는 껍질을 벗겨 12등분으로 자르고 씨를 제거합니다.

2_ 작은 냄비에 물과 그래뉴당을 넣고 중불로 열을 가합니다. 불의 세기는 가급적 조절하지 않습니다. 가끔씩 냄비를 가볍게 흔들어 전체를 골고루 가열시키고 그래뉴당이 녹아 갈색으로 변하기 시작하면 고무주걱으로 색이 균일해지도록 전체를 섞어 주세요.(ⓐ 참조).

3_ 작은 냄비를 가볍게 흔들면서 더 가열하다가 진한 갈색이 되면(ⓑ 참조) 불을 끄고 한숨 돌린 후 사과를 넣어요.

4_ 다시 중불로 가열하여 가끔 섞어 주면서(ⓒ 참조), 사과에서 나온 수분이 거의 없어질 때까지 익힌 후(ⓓ 참조) 바트에 얹혀서 식힙니다. 사과는 키친타월로 즙을 깨끗이 닦아낸 후 틀 바닥에 방사형으로 늘어놓아요(ⓔ 참조). 남은 시럽은 **13**에서 소스로 사용합니다(냉장실에 보관해 둠).

5_ 노른자 반죽을 만듭니다. 볼에 노른자와 그래뉴당을 넣고 거품기로 전체가 하얗게 될 때까지 큰 원을 그리듯 저어요.

6_ 녹인 버터를 넣고 전체가 완전히 풀어지도록 섞으세요.

7_ 박력분을 넣고 큰 원을 그리듯 반죽에 윤기가 날 때까지 2~3분 섞어요.

8_ 우유의 1/4량을 반죽에 섞고 잘 풀어 줍니다. 남은 우유를 넣고 다시 섞어 전체를 액상으로 만들어 줍니다.

9_ 머랭을 만듭니다. 다른 볼에 흰자를 넣고 핸드믹서로 30초 정도 저속으로 풀어 줍니다. 그래뉴당의 1/2량을 넣고 볼 안에서 핸드믹서를 크게 돌리면서 고속으로 30초 정도 거품을 냅니다. 남은 그래뉴당을 넣고 30초 정도 거품을 내고 다시 저속으로 1분 정도 거품을 냅니다. 윤기가 나고 떠올려서 반죽이 봉긋 따라 올라올 정도가 되면 OK.

10_ 노른자 반죽에 머랭을 넣고 거품기로 반죽을 바닥에서 떠올리듯 5~6회 섞어요(너무 많이 섞지 말 것). 그리고 겉면에 떠 있는 머랭을 거품기 끝으로 가볍게 섞어 풀어 줍니다.

11_ 틀에 **10**을 천천히 붓고(ⓕ 참조), 고무주걱 끝으로 표면을 섞어 평평하게 해 줍니다.

12_ 틀을 바트에 앉히고 바트에 뜨거운 물을 깊이 2㎝ 정도까지 붓습니다. 그리고 예열한 오븐의 하단에 넣고 40~45분 구워요.

13_ 대꼬챙이를 반죽 끝에서 안쪽으로 비스듬히 찔러 물컹한 크림 같은 반죽이 묻어 나오면 OK. 틀째로 실온에서 열기를 빼 주고 랩을 덮어 냉장실에 2시간 이상 식힙니다. 틀에서 꺼낸 다음 뒤집어서 원하는 크기로 자르고 **4**의 소스용 시럽을 적당량 뿌립니다.

Note
- 캐러멜화된 사과의 황홀한 맛!
- 사과는 '부사'나 '골든딜리셔스'가 구하기도 쉽고 좋아요.
- 사과 캐러멜 조림을 틀에 앉힐 수 없을 때는 마지막에 곁들여요.

무화과
Figues

재료〔지름 15cm 원형 틀 1개 분량〕

◆ 노른자 반죽
노른자 2개(약 40g)

그래뉴당 45g

버터 60g

박력분 55g

우유 250㎖

◆ 머랭
흰자 2개(약 60g)

그래뉴당 25g

무화과 3개(껍질 벗긴 것 150g)

사전 준비
- 우유는 상온(약 25℃)에 둡니다.
- 버터는 중탕으로 녹여 상온(약 25℃)에서 식힙니다.
- 무화과는 물로 잘 씻고 키친타월로 물기를 닦아 냅니다. 그리고 꼭지를 따서 세로 4등분으로 자릅니다(ⓐ 참조).
- 박력분은 체에 칩니다.
- 틀에 오븐 시트를 깔아 줍니다(63쪽 참조).
- 바트에 키친타월 2장을 깔고 오븐 팬에 올립니다.
- 물(분량 외)을 끓인 다음 60℃ 정도로 식힙니다.
- 오븐은 150℃로 예열합니다.

만들기

1_ 노른자 반죽을 만듭니다. 볼에 노른자와 그래뉴당을 넣고 거품기로 전체가 하얗게 될 때까지 큰 원을 그리듯 저어요.

2_ 녹인 버터를 넣고 전체가 완전히 풀어지도록 섞어요.

3_ 박력분을 넣고 큰 원을 그리듯 반죽에 윤기가 날 때까지 2~3분 섞어요.

4_ 우유의 1/4량을 반죽에 섞어 잘 풀어 줍니다. 남은 우유를 넣고 다시 섞어 전체를 액상화합니다(ⓑ 참조).

5_ 머랭을 만듭니다. 다른 볼에 흰자를 넣고 핸드믹서로 30초 정도 저속으로 풀어 줍니다. 볼 안에서 그래뉴당의 1/2량을 넣고 30초 정도 거품을 낸 후 저속으로 다시 1분 정도 거품을 냅니다. 윤기가 나고 떠올려서 반죽이 봉긋 따라 올라올 정도가 되면 OK.

6_ 노른자 반죽에 머랭을 넣고 거품기로 반죽을 바닥에서 퍼 올리듯 5~6회 섞어요(너무 많이 섞지 말 것, ⓒ 참조). 그리고 표면에 떠 있는 머랭을 거품기 끝으로 가볍게 섞어 풀어 줍니다.

7_ 틀의 안쪽 측면에 무화과를 나란히 붙여(ⓓ 참조) **6**을 천천히 붓고(ⓔ 참조) 고무주걱 끝으로 표면을 섞어 평평하게 해 줍니다.

8_ 틀을 바트에 앉히고 바트에 뜨거운 물을 깊이 2cm 정도까지 붓습니다(ⓕ 참조). 그리고 예열한 오븐의 하단에 넣고 40~45분 구워요.

9_ 대꼬챙이를 반죽 끝에서 안쪽으로 비스듬히 찔러 물컹한 크림 같은 반죽이 묻어 나오면 OK. 틀째로 실온에서 열기를 빼 주고 랩을 덮어 냉장실에서 2시간 이상 식힙니다. 그리고 틀에서 꺼내 원하는 크기로 자릅니다.

Note
- 무화과가 맛있는 여름~가을 사이에 꼭 드셔 보세요.
- 무화과를 틀에 붙일 때는 되도록 틈 없이 배열하는 것이 좋습니다.

《이 장에 대하여》
▶ 과일과 조합한 최고의 마법 케이크입니다.

▶ 반죽과 합칠 때 과일 즙을 완전히 빼 주는 것이 포인트입니다.
  과일의 수분량에 따라 굽는 시간과 반죽 상태가 변할 수도 있습니다.

▶ 과일은 기본적으로 작고 얇게 자릅니다. 크면 반죽에 열이 잘 전달되지 않을 수 있습니다.

▶ 익숙해지면 원하는 과일을 조합시켜 배치해 보세요!

{ 파인애플 }
Ananas

재료〔지름 15cm 원형 틀 1개 분량〕

◆ 노른자 반죽
- 노른자 2개 (약 40g)
- 그래뉴당 40g
- 버터 60g
- 박력분 55g
- 우유 220㎖

◆ 머랭
- 흰자 2개 (약 60g)
- 그래뉴당 25g

◆ 크림
- 사워크림 90g
- 그래뉴당 10g

파인애플(통조림·둥글게 자른 것) 껍질 벗긴 것 110g

사전 준비

- 6쪽 「기본 레시피」의 사전 준비와 동일하게 합니다. 다만 우유는 가열하지 않고 상온(약 25℃)에 둡니다(바닐라빈즈도 필요 없음).
- 파인애플은 80g을 사방 5mm 크기로 잘라 키친타월로 즙을 닦아냅니다. 남은 파인애플은 폭 1cm로 잘라 동일한 방법으로 즙을 닦아냅니다.

만들기

1　6~7쪽의 「기본 레시피」 **1~6**과 동일하게 노른자 반죽과 머랭을 만들어 서로 섞어 줍니다.

2　틀에 가로세로 5mm로 자른 파인애플을 골고루 얹고 **1**을 고무주걱에 대고 천천히 넣은 다음 고무주걱 끝으로 표면을 섞어서 평평하게 합니다.

3　틀을 바트에 앉히고 바트에 뜨거운 물을 깊이 2cm 정도까지 부어요. 그리고 150℃로 예열한 오븐의 하단에 넣고 35~40분 구워요.

4　대꼬챙이를 반죽 끝에서 안쪽으로 비스듬히 찔러 물컹한 크림 같은 반죽이 묻어 나오면 OK. 틀째로 실온에서 열기를 빼 주고 랩을 덮어 냉장실에서 2시간 이상 식힙니다.

5　크림을 만듭니다. 볼에 사워크림과 그래뉴당을 넣고 거품기로 그래뉴당이 녹을 때까지 섞어요.

6　**4**를 틀에서 꺼내 크림을 올리고 팔레트나이프로 발라서 펴 줍니다. 폭 1cm로 자른 파인애플을 올려 원하는 크기로 자릅니다.

Note
- 파인애플의 단맛과 사워크림의 신맛이 절묘하게 조화를 이룬 상큼한 마법의 케이크.
- 크림은 올리거나 곁들이는 정도로만 해도 됩니다. 사진에 있는 파도 같은 모양은 스푼 뒤로 밑에서 위로 쳐올리듯이 한 거예요.

{ 서양 배 }
Poire

재료〔지름 15㎝ 원형 틀 1개 분량〕

◆ **노른자 반죽**
  노른자 2개(약 40g)
  그래뉴당 45g
  버터 60g
  박력분 55g
  우유 230㎖

◆ **머랭**
  흰자 2개(약 60g)
  그래뉴당 25g

◆ **캐러멜 소스**
  그래뉴당 60g
  물 30㎖

서양 배(통조림·반으로 잘린 것) 껍질 깐 것 150g

사전 준비

• 6쪽 「기본 레시피」의 사전 준비와 동일하게 합니다. 단 우유는 가열하지 않고 상온(약 25℃)에 둡니다(바닐라빈도 필요 없음).
• 서양 배는 가로로 폭 3㎜로 잘라 키친타월로 즙을 닦아냅니다.

만들기

1_ 6~7쪽의 「기본 레시피」 1~6과 마찬가지로 노른자 반죽과 머랭을 만들어 서로 섞어요.

2_ 틀에 서양 배를 얹히고(서로 포개져도 상관없음) 1을 천천히 넣어 고무주걱 끝으로 표면을 풀어서 평평하게 합니다.

3_ 틀을 바트에 앉히고 바트에 뜨거운 물을 깊이 2㎝ 정도까지 붓습니다. 그리고 150℃로 예열한 오븐의 하단에 넣고 40~45분 구워요.

4_ 대꼬챙이를 반죽 끝에서 안쪽으로 비스듬히 찔러 물컹한 크림 같은 반죽이 묻어 나오면 OK. 틀째로 실온에서 열기를 빼 주고 랩을 덮어 냉장실에서 2시간 이상 식힙니다.

5_ 캐러멜 소스를 만듭니다. 작은 냄비에 그래뉴당을 넣고 중불로 열을 가합니다. 불의 세기는 가급적 조절하지 않습니다. 가끔씩 냄비를 가볍게 흔들어 전체를 골고루 익히고 그래뉴당이 녹아 갈색으로 변하기 시작하면 고무주걱으로 색이 균일해지도록 전체를 섞어요.

6_ 작은 냄비를 가볍게 흔들면서 더 끓입니다. 진한 갈색으로 변하면 불을 끄고 김을 뺀 후 물을 고무주걱에 대고 조금씩 부어 줍니다.

7_ 다시 약불로 조절해 고무주걱으로 신속히 젓고 매끈매끈해지면 불을 끕니다. 그리고 실온에서 그대로 식힙니다.

8_ 4를 틀에서 꺼내 원하는 크기로 잘라 캐러멜 소스를 부은 그릇에 담습니다.

Note
• 서양 배도 캐러멜과 잘 맞는 과일이에요. 디저트 느낌이랍니다.
• 캐러멜 소스를 만들 때, 물을 한꺼번에 부으면 튈 염려가 있어요. 반드시 냄비가 끓지 않을 때 조금씩 부어야 합니다.

재료〔지름 15㎝ 원형 틀 1개 분량〕

◆ **노른자 반죽**

노른자 2개(약 40g)

그래뉴당 45g

버터 60g

박력분 55g

드라이망고 50g

플레인 요구르트(무설탕) 50g

우유 220㎖

◆ **머랭**

흰자 2개(약 60g)

그래뉴당 25g

◆ **요구르트 크림**

플레인 요구르트(무설탕) 100g

생크림(유지방분 47%) 50㎖

그래뉴당 10g

망고(있으면) 1/4개(약 50g)

전날의 사전 준비

• 노른자 반죽의 드라이망고는 사방 5mm 크기로 잘라 요구르트와 섞어 냉장실에 하룻밤 둡니다.

사전 준비

• 요구르트 크림의 요구르트는 종이 타월을 깐 소쿠리에 얹어 볼에 담아 냉장실에 3~4시간 두고 물기를 빼 약 50g으로 합니다.

• 6쪽 「기본 레시피」의 사전 준비와 동일하게 합니다. 단 우유는 가열하지 않고 상온(약 25℃)에 둡니다(바닐라도 필요 없음).

만들기

1_ 6~7쪽의 「기본 레시피」 **1**~**8**과 동일하게 노른자 반죽과 머랭을 만들어 서로 섞고 150℃로 예열한 오븐에서 40~45분 굽습니다. 단, **3**에서 박력분을 섞은 후에 서로 섞은 드라이망고와 요구르트를 넣고 전체적으로 1분 정도 잘 섞어 줍니다.

2_ 대꼬챙이를 반죽 끝에서 안쪽으로 비스듬히 찔러 물컹한 크림 같은 반죽이 묻어 나오면 OK. 틀째로 실온에서 열기를 빼 주고 랩을 덮어 냉장실에서 2시간 이상 식힙니다.

3_ 요구르트 크림을 만듭니다. 볼에 불기를 뺀 요구르트, 생크림, 그래뉴당을 넣고 볼 바닥을 얼음물에 대고 거품기로 거품을 냅니다. 퍼 올렸을 때 약간 떨어지는 정도가 되면 OK.

4_ **2**를 틀에서 꺼내 요구르트 크림을 올려 준 다음 팔레트나이프로 발라 줍니다. 망고가 있으면 사방 1cm 크기로 잘라서 얹힌 후 원하는 크기로 자릅니다.

Note

• 드라이망고는 요구르트와 함께 두기만 해도 부드러워져 맛이 좋아집니다.

• 「기본 레시피」와는 굽는시간이 다르므로 주의를 요합니다. 수분이 많으므로 오래 굽습니다.

• 요구르트 크림은 올리거나 곁들이기만 해도 OK. 사진에 있는 표면의 모양은 팔레트나이프로 살짝살짝 쳐올린 거예요.

망고
Mangue

재료 [지름 15㎝ 원형틀 1개 분량]

◆ 노른자 반죽

노른자 2개 (약 40g)

그래뉴당 50g

버터 60g

박력분 50g

레몬즙 30㎖ (1~2개)

우유 220㎖

◆ 머랭

흰자 2개 (약 60g)

그래뉴당 25g

◆ 휘핑크림

생크림 (유지방분 47%) 100㎖

그래뉴당 7g

둥글게 썬 레몬 (있으면) 적당량

민트 (있으면) 적당량

사전 준비

• 6쪽 「기본 레시피」의 사전 준비와 동일하게 합니다. 단 우유는 가열하지 않고 상온(약 25℃)에 둡니다 (바닐라빈도 필요 없음).

만들기

1　6~7쪽의 「기본 레시피」 **1~8**과 동일하게 노른자 반죽과 머랭을 만들어 서로 섞고 150℃로 예열한 오븐에서 30~35분 구워요. 단 **3**에서 박력분을 섞은 후에 레몬즙을 넣고 전체적으로 잘 배이도록 1분 정도 섞으세요.

2　대꼬챙이를 반죽 끝에서 안쪽으로 비스듬히 찔러 물컹한 크림 같은 반죽이 묻어 나오면 OK. 틀째로 실온에서 열기를 빼 주고 랩을 덮어 냉장실에서 2시간 이상 식힙니다.

3　휘핑크림을 만듭니다. 볼에 생크림과 그래뉴당을 넣고, 볼 밑바닥을 얼음물에 대고 거품기로 거품을 냅니다. 퍼 올렸을 때 거품기에 엉겨 떨어지지 않을 정도가 되면 OK (9분 정도 소요).

4　**2**를 틀에서 꺼내 원하는 크기로 자릅니다. 스푼으로 휘핑크림을 떠서 모양을 만든 후 케이크에 얹습니다. 레몬이 있으면 둥글게 썰어서 민트와 함께 예쁘게 꾸며 보세요.

Note
• 산뜻한 레몬 향이 입안에 퍼지는 마법의 케이크.
• 레몬은 재배 전후 농약을 사용하지 않은 것으로 사용할 것.
• 휘핑크림은 그냥 두면 식감이 떨어지므로 먹기 직전에 만들거나, 만들었다면 냉장실에 넣어 둡니다. 여기서의 방법으로는 약간 딱딱하게 완성되는데, 너무 오래 섞으면 분리되므로 주의하세요.

레몬
Citron

재료〔15㎝ 스퀘어 틀 1개 분량〕

◆ **노른자 반죽**

　노른자 2개(약40g)

　그래뉴당 45g

　버터 60g

　박력분 55g

　우유 적당량(약150㎖)

　오렌지 과즙 1개분(약100㎖)

◆ **머랭**

　흰자 2개(약60g)

　그래뉴당 25g

◆ **오렌지콩피**

　오렌지 1개(200g)

　물 80㎖

　그래뉴당 150g

오렌지 1개(껍질 깐 것 120g)

전날의 사전 준비

• 오렌지콩피를 만듭니다. 오렌지는 잘 씻어 껍질
  째 두께 5㎜로 둥글게 자릅니다. 냄비에 오렌지
  와 잠길락 말락 한 물(분량 외)을 넣고 중불로 끓
  여, 물이 끓으면 소쿠리에 얹어 물기를 빼 줍니다.
  냄비에 물과 그래뉴당을 넣고 중불로 끓여 그래
  뉴당이 녹으면 오렌지를 다시 넣고 약불로 30분
  정도 졸입니다. 즙을 뺀 오렌지를 내열 접시에 올
  려 전자레인지에 넣고 랩을 씌우지 않은 채로 5분
  성도 가열합니다. 망에 건져 실온에서 하룻밤 두
  고 건조시킵니다.

사전 준비

• 우유는 오렌지즙과 섞어 총량이 250㎖가 되도록
  하여 상온(약 25℃)에 둡니다.

• 버터는 중탕으로 녹여 상온(약 25℃)에서 식힙니다.

• 틀에 깔 오렌지는 위아래를 잘라내고 껍질을 벗
  겨(ⓐ 참조) 두께 5㎜로 둥글게 자릅니다(ⓑ 참
  조). 그리고 키친타월에 싸서 즙을 닦아냅니다.

• 박력분은 체에 칩니다.

• 틀에 오븐 시트를 깔아 줍니다(63쪽 참조).

• 바트에 키친타월 2장을 깔고 오븐 팬에 올립니다.

• 물(분량 외)을 끓인 다음 약 60℃로 식힙니다.

• 오븐은 150℃로 예열합니다.

만들기

1_ 노른자 반죽을 만듭니다. 볼에 노른자와 그래뉴당을 넣고 거품기로 전체가 하얗게 될 때까지 큰 원을 그리듯 저어요.

2_ 녹인 버터를 넣고 전체가 완전히 풀리도록 섞으세요.

3_ 박력분을 넣고 큰 원을 그리듯 반죽에 윤기가 날 때까지 2~3분 섞어요(ⓒ 참조).

4_ 오렌지 과즙과 섞은 우유를 1/4가량 반죽에 넣어 잘 풀어 준 후, 남은 우유를 넣고 다시 섞어 전체를 액상으로 만들어 줍니다(ⓓ 참조).

5_ 머랭을 만듭니다. 다른 볼에 흰자를 넣고 핸드믹서로 30초 정도 저속으로 풀어 줍니다. 그래뉴당 1/2량을 넣고 볼 안에서 핸드믹서를 크게 돌리면서 고속으로 30초 정도 거품을 냅니다. 남은 그래뉴당을 넣고 30초 정도 거품을 낸 후 저속으로 다시 1분 정도 거품을 냅니다. 윤기가 나고 퍼 올려 반죽이 봉긋하게 따라 올라올 정도면 OK(ⓔ 참조).

6_ 노른자 반죽에 머랭을 넣고 거품기로 반죽을 바닥에서 퍼 올리듯 5~6회 섞어요(너무 많이 섞지 말 것. ⓕ 참조). 표면에 떠 있는 머랭을 거품기 끝으로 가볍게 섞어 풀어 줍니다.

7_ 틀에 둥글게 자른 오렌지를 겹치지 않도록 얹고 **6**을 천천히 붓습니다. 고무 주걱 끝으로 표면을 골라 평평하게 해 줍니다.

8_ 틀을 바트에 앉히고 바트에 뜨거운 물을 깊이 2㎝ 정도까지 붓습니다. 그리고 예열한 오븐의 하단에 넣고 35~40분 구워요.

9_ 대꼬챙이를 반죽 끝에서 안쪽으로 비스듬히 찔러 물컹한 크림 같은 반죽이 묻어 나오면 OK. 틀째로 실온에서 열기를 빼 주고 랩을 덮어 냉장실에서 2시간 이상 식힙니다. 그리고 틀에서 꺼내 오렌지콩피를 적당량 얹어 원하는 크기로 자릅니다.

Note

• 총 3개의 오렌지를 사용합니다. 반죽에 오렌지 과즙과 과육을 넣고 마지막 단계에서 오렌지콩피를 첨가하면 오렌지향 가득한 마법의 케이크 완성!

• 오렌지 1개에서는 약 100㎖의 과즙을 얻어낼 수 있어요.. 그 이하라도 우유와 합쳐 250㎖가 되면 OK.

• 오렌지콩피는 시중에서 판매되는 제품을 사용해도 좋아요. 오렌지콩피 대신 오렌지필 등을 뿌려도 맛있습니다.

{ 바나나 }
Banane

재료(지름 15㎝ 원형 틀 1개 분량)

◆ 노른자 반죽

- 노른자 2개(약 40g)
- 그래뉴당 40g
- 버터 60g
- 박력분 55g
- 바나나 1개(익은 것, 껍질 벗겨서 100g)
- 우유 220㎖

◆ 머랭

- 흰자 2개(약 60g)
- 그래뉴당 25g

초코칩 25g

둥글게 썬 바나나 1/2개

사전 준비

- 6쪽 「기본 레시피」의 사전 준비와 동일하게 합니다. 단 우유는 가열하지 않고 상온(약 25℃)에 둡니다(바닐라빈도 필요 없음).
- 노른자 반죽의 바나나는 껍질을 벗겨 길이 2㎝로 자르고 포크 등으로 으깨서 페이스트 상태로 만듭니다.

만들기

1_ 6~7쪽의 「기본 레시피」 **1~6**과 마찬가지로 노른자 반죽과 머랭을 만들어 서로 섞어요. 단 **3**에서 박력분을 섞은 후에 페이스트 상태의 바나나를 넣고 전체가 완전히 혼합되도록 1분 정도 섞어요.

2_ 틀에 초코칩을 골고루 묻히고 **1**을 천천히 밀어 넣으면서 고무주걱 끝으로 표면을 골라 평평하게 합니다.

3_ 틀을 바트에 앉히고 바트에 끓는 물을 깊이 2㎝ 정도까지 붓습니다. 그리고 150℃로 예열한 오븐의 하단에 넣고 40~45분 구워요.

4_ 대꼬챙이를 반죽 끝에서 안쪽으로 비스듬히 찔러 물컹한 크림 같은 반죽이 묻어 나오면 OK. 틀째로 실온에서 열기를 빼 주고 랩을 덮어 냉장실에서 2시간 이상 식힙니다. 틀에서 꺼내 원하는 크기로 자르고 둥글게 자른 바나나를 얹어 멋을 냅니다.

Note

- 가장 아래의 플랑 반죽에 초코와 바나나가 가득! 맛있을 수밖에 없는 조합이에요.
- 잘 익은 바나나일수록 단맛이 강하고 으깨지기 쉬워요.
- 거품 낸 생크림을 곁들여도 잘 어울려요.

밤
Châtaigne

재료〔18㎝ 파운드 틀 2개 분량〕

◆ 노른자 반죽
노른자 2개(약 40g)

그래뉴당 15g

마롱 크림 60g

버터 60g

박력분 45g

우유 230㎖

◆ 머랭
흰자 2개(약 60g)

그래뉴당 25g

◆ 크림
생크림(유지방분 47%) 50㎖

마롱 크림 25g

마롱 크림
밤에 설탕이나 바닐라빈을 넣고 삶아서 페이스트 상태로 만든 것. 여기서는 사바통(SABATON)사의 'CRÈME DE MARRONS(크렘 드 마롱)'을 사용했어요. 빵에 발라 먹어도 맛있답니다.

사전 준비

• 6쪽 「기본 레시피」의 사전 준비와 동일하게 합니다. 단 우유는 가열하지 않고 상온(약 25℃)에 둡니다(바닐라빈도 필요 없음).

만들기

1　6~7쪽의 「기본 레시피」**1**~**8**과 마찬가지로 노른자 반죽과 머랭을 만들어 서로 섞고 150℃로 예열한 오븐에서 30~35분 구워요. 단 **1**에서 노른자와 그래뉴당을 섞은 후에 마롱 크림을 넣어 전체가 완전히 혼합되도록 1분 정도 섞어요.

2　대꼬챙이를 반죽 끝에서 안쪽으로 찔러 물컹한 크림 같은 것이 묻어 나오면 OK. 틀째로 실온에서 열기를 빼 주고 랩을 덮어 냉장실에서 2시간 이상 식혀요.

3　크림을 만듭니다. 볼에 생크림을 넣고 볼 바닥을 얼음물에 댄 채로 거품기로 거품을 냅니다. 조금 걸쭉해지면(7분 정도 소요) 마롱 크림을 넣고 퍼 올렸을 때 굵게 떨어질 정도가 될 때까지 섞으세요.

4　**2**를 틀에서 꺼냅니다. 몽블랑용 깍지가 달린 짤주머니에 크림을 넣고 케이크 위로 좌우 이동하면서 짜 냅니다.

Note
• 파운드 틀에 반죽을 부을 때는 국자를 사용하면 좋아요. 틀 2개로 나누어 넣으세요.
• 노른자 반죽에 마롱 크림을 곁들이므로 그래뉴당의 양이 줄어요.
• 몽블랑용 깍지가 없을 때는 원형이나 별모양으로도 대신할 수 있어요. 엇기만 해도 되니 원하는 형태로 연출해 보세요.

재료〔지름 15cm 원형 틀 1개 분량〕

◆ **프룬의 적포도주 조림**(간단히 만들 수 있는 분량)

- 건프룬(씨 없는 것) 200g
- 적포도주 100㎖
- 물 100㎖
- 그래뉴당 50g
- 시나몬 스틱 1개
- 정향 2~3알

◆ **노른자 반죽**

- 노른자 2개(약 40g)
- 그래뉴당 45g
- 버터 60g
- 박력분 55g
- 우유 250㎖

◆ **머랭**

- 흰자 2개(약 60g)
- 그래뉴당 25g

사전 준비

- 6쪽 「기본 레시피」의 사전 준비와 동일하게 합니다. 단 우유는 가열하지 않고 상온(약 25℃)에 둡니다(바닐라빈도 필요 없음).

만들기

1_ 프룬의 적포도주 조림을 만듭니다. 냄비에 재료 전부를 넣고 중불로 가열해 끓기 시작하면 10분 정도 더 끓입니다. 불을 끄고 그대로 식힌 후 프룬 5알을 가로 세로 1cm로 잘라 키친타월로 즙을 닦아냅니다. 나머지는 모두 보관 용기에 담아 냉장실에 보관합니다.

2_ 6~7쪽의 「기본 레시피」 1~6과 마찬가지로 노른자 반죽과 머랭을 만들어 혼합합니다.

3_ 틀에 가로 세로 1cm로 자른 프룬의 적포도주 조림을 골고루 발라준 다음 **2**를 고무주걱에 대고 천천히 넣고 고무주걱 끝으로 표면을 골라 평평하게 합니다.

4_ 틀을 바트에 앉히고 바트에 뜨거운 물을 깊이 2cm 정도 붓습니다. 그리고 150℃로 예열한 오븐의 하단에 놓고 40~45분 구워요.

5_ 대꼬챙이를 반죽 끝에서 안쪽으로 비스듬히 찔러 물컹한 크림 같은 반죽이 묻어 나오면 OK. 틀째로 실온에서 열기를 빼 주고 랩을 덮어 냉장실에서 2시간 이상 식힙니다. 그리고 틀에서 꺼내 원하는 크기로 자릅니다.

Note
- 적포도주로 조린 프룬은 단맛과 신맛이 더 강해져 케이크에 잘 어울려요.
- 프룬의 적포도주 조림은 간단히 만들기에 좋은 분량으로 개량했어요. 남은 것은 냉장 보관하면 2~3주 사용 가능해요. 그대로 먹어도 좋고 요구르트에 얹어도 맛있답니다.

프룬
Pruneau

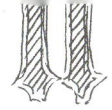

재료〔지름 15cm 스퀘어 틀 1개 분량〕

◆ 노른자 반죽

노른자 2개(약 40g)

럼주 1/2큰술

그래뉴당 45g

버터 60g

박력분 55g

우유 250㎖

◆ 머랭

흰자 2개(약 60g)

그래뉴당 25g

럼레이즌(시판) 50g

사전 준비

- 6쪽 「기본 레시피」의 사전 준비와 동일하게 합니다. 단 우유는 가열하지 않고 상온(약 25℃)에 둡니다(바닐라빈도 필요 없음).
- 럼레이즌은 키친타월에 싸서 즙을 닦아냅니다.

만들기

1_ 노른자 반죽을 만듭니다. 볼에 노른자를 넣고 거품기로 풀어 준 다음 럼주를 넣고 살짝 섞어요.

2_ 그래뉴당을 넣고 전체가 하얗게 될 때까지 큰 원을 그리듯 저으세요.

3_ 6~7쪽의 「기본 레시피」 **2~6**과 마찬가지로 노른자 반죽과 머랭을 만들어 혼합시켜요.

4_ 틀에 럼레이즌을 골고루 펴 준 다음 **3**을 천천히 넣고 고무주걱 끝으로 표면을 섞어 평평하게 폅니다.

5_ 틀을 바트에 앉히고 바트에 끓는 물을 깊이 2cm 정도 붓습니다. 그리고 150℃로 예열한 오븐의 하단에 넣고 30~35분 구워요.

6_ 대꼬챙이를 반죽 끝에서 안쪽으로 비스듬히 찔러 물컹한 크림 같은 반죽이 묻어 나오면 OK. 틀째로 실온에서 열기를 빼 주고 랩을 덮어 냉장실에서 2시간 이상 식힙니다. 그리고 틀에서 꺼내 원하는 크기로 자릅니다.

Note
- 럼주를 살짝 첨가한 성인 취향의 맛.
- 럼레이즌은 직접 만들어도 됩니다. 건포도에 뜨거운 물을 부어 표면의 오일을 없앤 후 물기를 잘 닦아 럼주에 하루 이상 담가 두면 완성!

건포도
Rhum raisin

후르츠루즈
Fruit rouge

재료 (지름 15cm 원형 틀 1개 분량)

◆ 노른자 반죽
- 노른자 2개(약 40g)
- 그래뉴당 45g
- 버터 60g
- 박력분 55g
- 우유 230㎖

◆ 머랭
- 흰자 2개(약 60g)
- 그래뉴당 25g

◆ 마스카포네 크림
- 마스카포네 100g
- 그래뉴당 10g

믹스베리(냉동) 80g

사전 준비
- 냉동 믹스베리는 키친타월을 깐 바트에 올려 냉장실에서 해동한 후([a] 참조) 다시 키친타월에 싸서 즙을 닦아냅니다.
- 우유는 상온(약 25℃)에 둡니다.
- 버터는 중탕으로 녹여 상온(약 25℃)에서 식힙니다.
- 박력분은 체에 칩니다.
- 틀에 오븐 시트를 깔아 줍니다(63쪽 참조).
- 바트에 키친타월 2장을 깔고 오븐 팬에 올립니다.
- 물(분량 외)을 끓인 다음 약 60℃로 식힙니다.
- 오븐은 150℃로 예열합니다.

만들기

1_ 노른자 반죽을 만듭니다. 볼에 노른자와 그래뉴당을 넣고 거품기로 전체가 하얗게 될 때까지 큰 원을 그리듯 저어요.

2_ 녹인 버터를 넣고 전체가 완전히 풀어지도록 섞으세요.

3_ 박력분을 넣고 큰 원을 그리듯 반죽에 윤기가 날 때까지 2~3분 섞어요([b] 참조).

4_ 우유 1/4량을 붓고 반죽에 잘 섞습니다. 남은 우유를 붓고 다시 섞어 전체를 액상으로 만듭니다([c] 참조).

5_ 머랭을 만듭니다. 다른 볼에 흰자를 넣고 핸드믹서로 30초 정도 저속으로 풀어 줍니다. 그래뉴당 1/2량을 넣고 볼 안에서 핸드믹서를 크게 돌리면서 고속으로 30초 정도 거품을 냅니다. 남은 그래뉴당을 넣고 30초 정도 거품을 낸 후 저속으로 다시 1분간 거품을 냅니다. 윤기가 나고 퍼 올려서 반죽이 봉긋 따라 올라올 정도면 OK([d] 참조).

6_ 노른자 반죽에 머랭을 넣고 거품기로 바닥을 퍼 올리듯이 5~6번 섞어요(너무 섞지 말 것. [e] 참조). 표면에 떠 있는 머랭을 거품기 끝으로 가볍게 섞어서 풀어 줍니다.

7_ 틀에 믹스베리를 골고루 얹어요. **6**을 고무주걱에 대고 천천히 붓고([f] 참조), 고무주걱 끝으로 표면을 골라 평평하게 합니다.

8_ 틀을 바트에 앉히고 바트에 뜨거운 물을 깊이 2cm 정도 붓습니다([g] 참조). 그리고 예열한 오븐의 하단에 넣고 40~45분 구워요.

9_ 대꼬챙이를 반죽 끝에서 안쪽으로 비스듬히 찔러 물컹한 크림 같은 반죽이 묻어 나오면 OK([h] 참조). 틀째로 실온에서 열기를 빼 주고 랩을 덮어 냉장실에서 2시간 이상 식힙니다.

10_ 마스카포네 크림을 만듭니다. 볼에 마스카포네와 그래뉴당을 넣고 잘 혼합시킵니다.

11_ **9**를 틀에서 꺼내 원하는 크기로 잘라 마스카포네 크림을 곁들입니다.

Note
- '후르츠루즈'란 프랑스어로 '붉은 과일'을 의미합니다.
- 이번에 사용한 믹스베리는 라즈베리, 커런트, 블랙베리, 다크체리, 블루베리 믹스예요. 재료가 다 없더라도 몇 가지의 냉동 베리를 섞거나 한 종류로 만들어도 OK.
- 믹스베리를 냉동인 채로 사용하면 설구워질 위험성이 있으니 반드시 해동합니다.
- 냉동 과일을 해동하면 아무래도 수분이 생기기 쉬우므로 확실하게 물기를 뺀 후 틀에 넣으세요.
- 마스카포네 대신 사워크림을 사용해도 OK.

시즌
파티용
마법의 케이크

클래식한 크리스마스 케이크
Gâteau de Noël classique

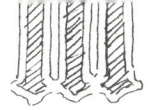

재료〔지름 15cm 원형 틀 1개 분량〕

◆ 노른자 반죽

노른자 2개(약 40g)

그래뉴당 45g

버터 60g

박력분 55g

프랑브아즈 퓌레(냉동) 50㎖

우유 200㎖

◆ 머랭

흰자 2개(약 60g)

그래뉴당 25g

◆ 휘핑크림

생크림(유지방분 47%) 100㎖

그래뉴당 7g

딸기 150g

피스타치오(껍질 깐 것) 적당량

사전 준비

- 딸기는 꼭지를 따내고 가로 폭 5mm로 썹니다. 작은 사이즈의 볼에 넣고 그래뉴당 10g(분량 외)을 넣은 다음 볼을 흔들어 전체적으로 잘 섞이게 합니다(ⓐ 참조). 그런 다음 냉장실에 1시간 정도 둡니다.
- 프랑브아즈 퓌레는 해동합니다.
- 우유는 상온(약 25℃)에 둡니다.
- 버터는 중탕으로 녹여 상온(약 25℃)에서 식힙니다.
- 피스타치오는 160℃로 예열한 오븐에서 10분 정도 로스팅한 다음 열기를 식힌 후 대강 썰어 둡니다.
- 박력분은 체에 칩니다.
- 틀에 오븐 시트를 깔아 줍니다(63쪽 참조).
- 바트에 키친타월 2장을 깔고 오븐 팬에 올립니다.
- 물(분량 외)을 끓인 다음 약 60℃로 식힙니다.
- 오븐은 150℃로 예열합니다.

만들기

1_ 노른자 반죽을 만듭니다. 볼에 노른자와 그래뉴당을 넣고 거품기로 전체가 하얗게 될 때까지 큰 원을 그리듯 저어요.

2_ 녹인 버터를 넣고 전체가 완전히 풀어지도록 섞어요.

3_ 박력분을 넣고 큰 원을 그리듯 반죽에 윤기가 날 때까지 2~3분 섞어요.

4_ 프랑브아즈 퓌레를 넣고 전체가 완전히 혼합되도록 섞어 줍니다(ⓑ 참조).

5_ 우유 1/4량을 넣고 반죽에 섞어 잘 풀어 줍니다. 남은 우유를 붓고 다시 섞어 전체를 액상화합니다(ⓒ 참조).

6_ 머랭을 만듭니다. 다른 볼에 흰자를 넣고 핸드믹서로 30초 정도 저속으로 풀어 줍니다. 그래뉴당 1/2량을 넣고 볼 안에서 핸드믹서를 크게 돌리면서 고속으로 30초 정도 거품을 냅니다. 남은 그래뉴당을 넣고 30초 정도 거품을 낸 후 저속으로 다시 1분 정도 거품을 냅니다. 윤기가 나고 퍼 올렸을 때 반죽이 봉긋 따라 올라올 정도면 OK(ⓓ 참조).

7_ 노른자 반죽에 머랭을 넣고 거품기로 반죽을 바닥에서 퍼 올리듯 5~6번 섞어요(너무 많이 섞지 말 것, ⓔ 참조). 그리고 표면에 떠 있는 머랭을 거품기 끝으로 가볍게 섞고 풀어 줍니다.

8_ 틀에 **7**을 천천히 붓고 고무주걱 끝으로 표면을 골라 평평하게 합니다.

9_ 틀을 바트에 앉히고 바트에 뜨거운 물을 깊이 2cm 정도 붓습니다. 예열한 오븐의 하단에 넣고 35~40분 구워요.

10_ 대꼬챙이를 반죽 끝에서 안쪽으로 비스듬히 찔러 물컹한 크림 같은 반죽이 묻어 나오면 OK. 틀째로 실온에서 열기를 빼 주고 랩을 덮어 냉장실에서 2시간 이상 식힙니다.

11_ 휘핑크림을 만듭니다. 볼에 생크림과 그래뉴당을 넣고 볼 바닥을 얼음물에 대고서 거품기로 거품을 냅니다. 퍼 올렸을 때 떨어진 자국이 남는 정도가 되면 OK(ⓕ 참조).

12_ **10**을 틀에서 꺼내 납작한 접시에 올립니다. 휘핑크림을 올려(ⓖ 참조) 팔레트나이프로 균일하게 발라주면서 측면으로 떨어트립니다(ⓗ 참조). 잘 안 떨어지면 접시를 가볍게 흔들어 줍니다(ⓘ 참조).

13_ 딸기를 얹고(ⓙ 참조), 피스타치오를 뿌립니다.

Note
- 딸기 쇼트케이크를 이미지화한 마법의 케이크. 데코레이션은 할 수 있는 범위 내에서 자유롭게!
- 딸기에는 그래뉴당과 함께 취향에 따라 키르슈 같은 술을 곁들여도 맛있어요.
- 휘핑크림은 약간 묽게 거품을 내주는 것이 포인트. 크림을 너무 휘저으면 푸석푸석해지므로 주의.

뷔 슈 드 노 엘

Bûche magique

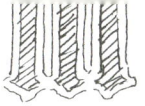

재료〔지름 15㎝ 원형 틀 1개 분량〕

◆ **노른자 반죽**
- 노른자 1개(약 20g)
- 그래뉴당 20g
- 버터 30g
- 박력분 20g
- 코코아파우더(무설탕) 10g
- 우유 120㎖

◆ **머랭**
- 흰자 1개(약 30g)
- 그래뉴당 20g

◆ **초콜릿 크림**
- 초콜릿(커버추어) 25g
- 우유 25㎖
- 생크림(유지방분 47%) 100㎖

코코아파우더(무설탕) 적당량
아르장 적당량

초콜릿
제과용의 커버추어 초콜릿. 발로나 사의 '카라크' 또는 쓴맛을 좋아한다면 '과나하'도 추천.

사전 준비

- 노른자 반죽의 우유는 약 50℃에 중탕으로 데웁니다.
- 버터는 중탕으로 녹여 상온(약 25℃)에서 식힙니다.
- 박력분과 코코아파우더는 함께 체에 칩니다.
- 틀에 오븐 시트를 깔아 줍니다(63쪽 참조).
- 바트에 키친타월 2장을 깔고 오븐 팬에 올립니다.
- 물(분량 외)을 끓인 다음 약 60℃로 식힙니다.
- 오븐은 150℃로 예열합니다.

만들기

1_ 노른자 반죽을 만듭니다. 볼에 노른자와 그래뉴당을 넣고 거품기로 전체가 하얗게 될 때까지 큰 원을 그리듯 저어요.

2_ 녹인 버터를 넣고 전체가 완전히 혼합되도록 섞으세요.

3_ 코코아파우더와 합친 박력분에 우유 1~2큰술을 넣고 큰 원을 그리듯 반죽에 윤기가 날 때까지 2~3분 섞어요.

4_ 남은 우유의 1/4 정도를 붓고 반죽에 혼합되도록 잘 풀어 줍니다. 남은 우유를 다 붓고 섞어서 전체를 액상으로 만들어 줍니다.

5_ 머랭을 만듭니다. 다른 볼에 흰자를 넣고 핸드믹서로 20초 정도 저속으로 풀어 줍니다. 그래뉴당 1/2량을 넣고 볼 안에서 핸드믹서를 크게 돌리면서 고속으로 20초 정도 거품을 냅니다. 남은 그래뉴당을 넣고 20초 정도 거품을 낸 후 저속으로 다시 40~50초 거품을 냅니다. 윤기가 나고 떠올려서 반죽이 봉긋 따라 올라올 정도가 되면 OK.

6_ 노른자 반죽에 머랭을 넣고 거품기로 반죽을 바닥에서 퍼 올리듯이 5~6회 섞으세요(너무 많이 섞지 말 것). 그리고 표면에 떠 있는 머랭을 거품기 끝으로 가볍게 섞어 풀어 줍니다.

7_ 틀에 **6**을 천천히 붓고 고무주걱 끝으로 표면을 골라 평평하게 해 줍니다.

8_ 틀을 바트에 앉히고 바트에 뜨거운 물을 깊이 2㎝ 정도까지 붓습니다. 그리고 예열한 오븐의 하단에 넣고 25~30분 구워요.

9_ 대꼬챙이를 반죽 끝에서 안쪽으로 비스듬히 찔러 물컹한 크림 같은 반죽이 묻어 나오면 OK. 틀째로 실온에서 열기를 빼 주고 랩을 덮어 냉장실에서 2시간 이상 식힙니다.

10_ 초콜릿 크림을 만듭니다. 초콜릿은 잘게 쪼개 우유와 함께 내열 볼에 넣고 전자레인지에서 30초 정도 가열해 녹입니다. 거품기로 잘 섞어 그대로 상온(약 25℃)에서 식힙니다.

11_ 볼에 **10**과 생크림을 넣고 볼 바닥을 얼음물에 대고서 거품기로 거품을 냅니다. 퍼 올렸을 때 굵게 떨어지는 정도가 적당해요.

12_ **9**를 틀에서 꺼내 납작한 접시에 올립니다. 초콜릿을 올려 팔레트나이프로 균일하게 발라 주면서 측면으로 떨어트립니다. 팔레트나이프를 세워 측면도 균일하게 발라 주세요.

13_ 포크로 모양을 잡아 주고(ⓐⓑ 참조) 코코아파우더를 뿌린 다음 아르장을 뿌립니다.

Note
- 프랑스의 크리스마스 케이크는 역시 뷔슈 드 노엘입니다. 뷔슈는 '나무' 라는 뜻이에요. 나이테를 본뜬 모양을 포크로 새깁니다.
- 초콜릿 크림 양과의 밸런스를 고려하여 반죽은 약 반 정도로 했습니다. 그래서 다른 케이크보다 낮게 만들어진답니다.
- 코코아파우더가 들어가면 반죽이 무거워지므로 노른자 반죽용 우유는 데워서 붓습니다.

《이 장에 대하여》
▶ 크리스마스나 발렌타인데이, 할로윈 같은 때 흥을 돋우는 마법의 케이크를 소개합니다.
▶ 다양한 데코레이션 방법을 소개하고 있지만, 여러분이 하기 쉬운 방법으로 하세요.
▶ 발렌타인 편에는 간단한 포장법도 소개합니다.

발렌타인
Saint-Valentin

재료〔지름 10cm 코코트 3개 분량〕

◆ **노른자 반죽**

노른자 2개 (약 40g)

그래뉴당 40g

버터 40g

초콜릿 (커버추어) 20g

박력분 45g

코코아파우더 (무설탕) 10g

우유 250㎖

◆ **머랭**

흰자 2개 (약 60g)

그래뉴당 25g

가루설탕 적당량

사전 준비

• 우유는 약 50℃에서 중탕으로 데웁니다.
• 초콜릿은 잘게 쪼개 버터와 함께 중탕으로 녹여 (ⓐ 참조) 거품기로 혼합시킵니다(중탕의 불은 끄고 그대로 둠).
• 박력분과 코코아파우더는 함께 체에 칩니다(ⓑ 참조).
• 바트에 키친타월 2장을 깔고 오븐 팬에 올립니다.
• 물(분량 외)을 끓인 다음 약 60℃로 식힙니다.
• 오븐은 150℃로 예열합니다.

만들기

1_ 노른자 반죽을 만듭니다. 볼에 노른자와 그래뉴당을 넣고 거품기로 전체가 하얗게 될 때까지 큰 원을 그리듯 저어요.

2_ 녹인 버터와 초콜릿을 조금씩 넣어가며 전체가 완전히 혼합되도록 섞으세요 (ⓒ 참조).

3_ 코코아파우더와 합친 박력분에 우유 2~3큰술을 넣고 큰 원을 그리듯 반죽에 윤기가 날 때까지 2~3분 섞어요.

4_ 남은 우유 1/4가량을 넣고 반죽에 섞어 잘 풀어 줍니다. 남은 우유를 모두 넣고 다시 섞어 전체를 액상으로 만들어 줍니다(ⓓ 참조).

5_ 머랭을 만듭니다. 다른 볼에 흰자를 넣고 핸드믹서로 30초 정도 저속으로 풀어 줍니다. 그래뉴당 1/2량을 넣고 볼 안에서 핸드믹서를 크게 돌리면서 고속으로 30초 정도 거품을 냅니다. 남은 그래뉴당을 넣고 30초 정도 거품을 낸 후 저속으로 다시 1분 정도 거품을 냅니다. 윤기가 나고 떠올려서 반죽이 봉긋 따라 올라올 정도가 되면 OK.

6_ 노른자 반죽에 머랭을 넣고 거품기로 반죽을 바닥에서 퍼 올리듯이 5~6번 섞어요(너무 많이 섞지 말 것. ⓔ 참조). 표면에 떠 있는 머랭을 거품기 끝으로 가볍게 섞어 가며 풀어 줍니다.

7_ 코코트에 6을 천천히 붓고(ⓕ 참조), 고무주걱으로 표면을 골라 평평하게 해 줍니다(ⓖ 참조).

8_ 코코트를 바트에 얹히고 바트에 뜨거운 물을 깊이 2cm 정도 붓습니다(ⓗ 참조). 그리고 예열한 오븐의 하단에 넣고 25~30분 구워요.

9_ 대꼬챙이를 반죽 끝에서 안쪽으로 비스듬히 찔러 물컹한 크림 같은 반죽이 묻어 나오면 OK. 코코트째로 실온에서 열기를 뺀 후 랩을 덮어 냉장실에서 2시간 이상 식힌 다음, 가루설탕을 뿌립니다.

Note

• 스푼으로 직접 떠서 먹을 수 있도록 코코트 그대로 선물하셔도 좋아요.
• 오랜 시간 들고 이동해야 할 때는 설구워지지 않도록 굽는 시간을 30~35분으로 합니다.
• 코코트에 반죽을 편하게 부으려면 국자를 사용하세요.
• 초콜릿은 발로나사의 '카라크'가 좋고, 쓴맛을 좋아하면 '과나하'도 좋아요.
• 초콜릿이 굳지 않도록 데운 우유를 사용합니다.

포장 요령

1 포장지 (약 40×30cm) 한 가운데에 코코트를 올립니다.

2 짧은 쪽을 잡고 맞춥니다.

3 1cm 정도의 폭으로 코코트 입구에 닿을 때까지 2~3번 접어요.

4 코코트를 따라 한쪽의 포장지를 눌러 줍니다.

5 눌러준 포장지의 양 옆을 안쪽으로 접어요.

6 코코트 아래로 접어요. 다른 한쪽도 똑같이 한 후 끈으로 고정합니다.

발렌타인 생초코
Saint-Valentin ganache

재료〔18㎝ 파운드 틀 2개 분량〕

◆ 노른자 반죽
- 노른자 2개(약 40g)
- 그래뉴당 20g
- 버터 55g
- 초콜릿(커버추어) 80g
- 박력분 50g
- 우유 250㎖

◆ 머랭
- 흰자 2개(약 60g)
- 그래뉴당 25g

초콜릿(커버추어) 30g

사전 준비

- 6쪽 「기본 레시피」의 사전 준비와 동일하게 합니다. 단 우유는 약 50℃에서 중탕으로 데웁니다(바닐라빈은 필요 없음).
- 버터는 잘게 쪼갠 초콜릿 80g과 함께 중탕으로 녹이고 거품기로 혼합시킵니다(따뜻한 상태 그대로 둠).

만들기

1_ 6~7쪽의 「기본 레시피」 **1~8**과 마찬가지로 노른자 반죽과 머랭을 만들어 혼합시키고, 150℃로 예열한 오븐에서 45~50분 구워요. 굽기 시작한 지 15분 정도 지나면 알루미늄포일을 씌웁니다(ⓐ 참조).

2_ 대꼬챙이를 반죽 끝에서 안쪽으로 비스듬히 찔러 물컹한 크림 같은 반죽이 묻어 나오면 OK. 틀째로 실온에서 열기를 빼 주고 랩을 덮어 냉장실에서 2시간 이상 식힙니다. 틀에서 꺼내 필러 등으로 깎아낸 초콜릿을 얹었고 원하는 크기로 자릅니다.

Note

- 생초코처럼 입안에서 사르르 녹는 마법의 케이크.
- 초콜릿은 발로나사의 '카라크'를 사용.
- 이 반죽은 눌어붙기 쉬우니 굽는 중간에 알루미늄포일을 씌웁니다.
- 초콜릿은 혼합하기 힘들므로 따뜻한 상태로 넣습니다. 확실하게 섞어 주세요.
- 파운드 틀에 반죽을 부을 때 국자를 사용하면 편리합니다.

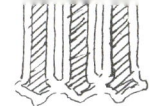

재료〔15cm 스퀘어 틀 1개 분량〕

◆ 노른자 반죽

노른자 2개(약 40g)

그래뉴당 40g

버터 60g

박력분 50g

코코아파우더(무설탕) 15g

우유 250㎖

◆ 머랭

흰자 2개(약 60g)

그래뉴당 25g

호두 50g

초콜릿(커버추어) 30g

사전 준비

• 6쪽 「기본 레시피」의 사전 준비와 동일하게 합니다. 단 우유는 약 50℃에서 중탕으로 데웁니다(바닐라빈은 필요 없음). 박력분은 코코아파우더와 함께 체에 칩니다.

• 호두는 160℃로 예열한 오븐에서 10분 정도 로스팅한 후 열기를 뺀 다음 잘게 썰어 줍니다.

• 초콜릿은 잘게 썰어 줍니다.

만들기

1_ 6~7쪽의 「기본 레시피」 **1~6**과 마찬가지로 노른자 반죽과 머랭을 만들어 혼합시킵니다. 단 **3**에서 코코아파우더와 합친 박력분을 넣을 때에 우유 2~3큰술을 함께 넣습니다.

2_ 틀에 호두 1/2과 초콜릿을 골고루 얹고 **1**을 고무주걱에 대고 살살 부어 넣으면서 고무주걱 끝으로 표면을 골라 평평하게 합니다. 그리고 남은 호두를 전체적으로 뿌려 줍니다.

3_ 틀을 비트에 앉히고 바트에 끓는 물을 깊이 2cm 정도 붓습니다. 그리고 150℃로 예열한 오븐의 하단에 넣고 30~35분 구워요.

4_ 대꼬챙이를 반죽 끝에서 안쪽으로 비스듬히 찔러 물컹한 크림 같은 반죽이 묻어 나오면 OK. 틀째로 실온에서 열기를 빼 주고 랩을 덮어 냉장실에서 2시간 이상 식힙니다. 그리고 틀에서 꺼내 원하는 크기로 자릅니다.

Note
• 대표적인 초콜릿맛 베이커리인 브라우니를 마법 케이크풍으로 어레인지!
• 초콜릿은 발로나사의 '카라크'를 사용하는 게 좋아요. 중간 정도의 단맛을 가진 초콜릿이 좋답니다.
• 초콜릿 대신에 초코칩, 호두 대신 피칸너트 등을 사용해도 맛있어요.

랩핑 요령

커팅한 케이크에 맞춰 잘라낸 오븐 시트를 말아 와이어가 들어간 리본으로 감쌉니다.

발렌타인 브라우니
Brownies magiques

할로윈
Gâteau magique d'Halloween

재료〔15㎝ 스퀘어 틀 1개 분량〕

◆ **노른자 반죽**
- 노른자 2개(약 40g)
- 그래뉴당 40~45g
- 버터 60g
- 박력분 55g
- 호박 알맹이 100g
- 우유 200㎖

◆ **머랭**
- 흰자 2개(약 60g)
- 그래뉴당 25g

볶은 호박씨 15g

사전 준비

- 6쪽 「기본 레시피」의 사전 준비와 동일하게 합니다. 단 우유는 가열하지 않고 상온(약 25℃)에 둡니다(바닐라빈도 필요 없음).
- 호박은 속을 긁어내고 한입 크기로 잘라 껍질을 벗깁니다. 그리고 내열 접시에 담아 랩을 덮어 전자레인지에 2분 정도 가열합니다. 그런 다음 포크의 등으로 잘게 부순 후(ⓐ 참조) 열기를 빼 줍니다.

만들기

1_ 6~7쪽의 「기본 레시피」 **1~6**과 마찬가지로 노른자 반죽과 머랭을 만들어 서로 섞어요. 단 **3**에서 박력분을 섞은 후에 호박을 넣고 다시 전체가 완전히 혼합되도록 1분 정도 섞으세요.

2_ 틀에 **1**을 살며시 흘려 넣으면서 고무주걱 끝으로 표면을 골라 평평하게 합니다. 그리고 호박씨를 전체적으로 뿌려 줍니다.

3_ 틀을 바트에 앉히고 바트에 끓는 물을 깊이 2㎝ 정도 붓습니다. 그리고 150℃로 예열한 오븐의 하단에 넣고 30~35분 구워요.

4_ 대꼬챙이를 반죽 끝에서 안쪽으로 비스듬히 찔러 물컹한 크림 같은 반죽이 묻어 나오면 OK. 틀째로 실온에서 열기를 빼 주고 랩을 덮어 냉장실에서 2시간 이상 식힙니다. 그리고 틀에서 꺼내 원하는 크기로 자릅니다.

Note
- 노른자 반죽의 그래뉴당 양은 호박의 단맛에 맞춰 조절합니다.

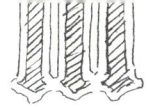

재료 (지름 15㎝ 원형 틀 1개 분량)

◆ 노른자 반죽

| 노른자 2개 (약 40g)
| 마요네즈 20g
| 버터(가염) 40g
| 박력분 50g
| 소금 2/3작은술
| 후추 약간
| 우유 220㎖

◆ 머랭

| 흰자 2개 (약 60g)

삶은 달걀 1개

시금치 50g

상추(있을 경우) 적당량

사전 준비

· 6쪽 「기본 레시피」의 사전 준비와 동일하게 합니다. 단 우유는 가열하지 않고 상온(약 25℃)에 둡니다(바닐라빈도 필요 없음).

· 삶은 달걀은 껍질을 벗겨 1.5㎝ 정육면체 크기로 썰어 줍니다.

· 시금치는 데친 후 찬물에 헹군 뒤 물기를 뺍니다. 1㎝ 길이로 잘라서 단단히 물기를 짜냅니다.

만들기

1_ 노른자 반죽을 만듭니다. 볼에 노른자를 넣고 거품기로 살짝 풀어 마요네즈를 넣고 전체적으로 완전히 풀어지도록 섞어요.

2_ 녹인 버터를 넣고 전체적으로 완전히 풀어지도록 섞으세요.

3_ 박력분, 소금, 후추와 우유 2~3큰술을 넣고 큰 원을 그리듯 반죽에 윤기가 날 때까지 2~3분 섞어요.

4_ 7쪽의 「기본 레시피」 4~6과 동일하게 만듭니다. 단 5에서 머랭에 그래뉴당은 넣지 말고 마지막 저속 거품내기는 30초로 합니다.

5_ 틀에 삶은 달걀과 시금치를 얹어요([a] 참조). 그리고 4를 고무주걱에 대고 천천히 밀어 넣고 고무주걱 끝으로 표면을 발라 평평하게 합니다.

6_ 틀을 바트에 얹히고 바트에 뜨거운 물을 깊이 2㎝ 정도 붓습니다. 그리고 150℃로 예열한 오븐의 하단에 넣고 35~40분 구워요.

7_ 대꼬챙이를 반죽 끝에서 안쪽으로 비스듬히 꽂아 물컹한 크림 형태의 반죽이 묻으면 OK. 틀째 실온에서 열기를 빼 준 후 랩을 덮어 냉장실에서 2시간 이상 식힙니다. 그런 다음 틀에서 꺼내 원하는 크기로 자릅니다. 먹기 좋게 뜯어 놓은 상추를 곁들이면 더욱 좋아요.

Note

· 이스터는 계란과 시금치가 포인트예요. 가염한 일반 버터를 사용했고 그래뉴당은 사용하지 않았답니다. 아침과 점심에 먹기 딱 알맞은 반찬과도 같은 마법의 케이크.

이스터
Pâques

장미
Rose

재료〔지름 15㎝ 원형 틀 1개 분량〕

◆ **노른자 반죽**

노른자 2개(약40g)

장미 시럽 2큰술

그래뉴당 35g

버터 60g

박력분 55g

우유 200㎖

◆ **머랭**

흰자 2개(약60g)

그래뉴당 25g

◆ **휘핑크림**

생크림(유지방분47%) 200㎖

그래뉴당 15g

◆ **장미 젤리**

물 1큰술

젤라틴 가루 3g

식용 장미 꽃잎 4g

A ┌ 프랑브아즈 퓌레(냉동) 10㎖

　 │ 그래뉴당 30g

　 └ 물 150㎖

프랑브아즈(생) 80g

장미 시럽
모닝(MONIN) 사용. 제과 재료점에서 구입 가능. 칵테일이니 스무디, 빙수에도 활용할 수 있어요.

프랑브아즈 퓌레
제과 재료점에서 구입 가능. 사진은 라풀티엘(La Frutiere) 250g

식용 장미
식용으로 특별히 재배된 장미. 꽃집 등에서 '에디 블루 플라워' 라는 이름으로 판매 중.

사전 준비

• 프랑브아즈 퓌레는 해동시킵니다.

• 우유는 상온(약 25℃)에 둡니다.

• 버터는 중탕으로 녹여 상온(약 25℃)에서 식힙니다.

• 박력분은 체를 칩니다.

• 틀에 오븐 시트를 깔아 줍니다(63쪽 참조).

• 바트에 키친타월 2장을 깔고 오븐 팬에 올립니다.

• 물(분량 외)은 끓인 후에 약 60℃로 식힙니다.

• 오븐은 150℃로 예열합니다.

만들기

1_ 6~7쪽의 「기본 레시피」1~6과 마찬가지로 노른자 반죽과 머랭을 만들어 혼합시킵니다. 단, 1에서 그래뉴당을 넣기 전에 거품기로 노른자를 풀어 준 다음 장미 시럽을 넣고 살짝 섞어요.

2_ 틀에 프랑브아즈를 골고루 얹고 1을 고무주걱에 대고 살살 부어 넣으면서(ⓐ 참조) 고무주걱 끝으로 표면을 골라 평평하게 합니다.

3_ 틀을 바트에 앉히고 바트에 끓는 물을 깊이 2cm 정도까지 붓습니다. 예열한 오븐의 하단에 넣고 40~45분 구워요.

4_ 대꼬챙이를 반죽 끝에서 안쪽으로 비스듬히 찔러 물컹한 크림 같은 반죽이 묻으면 OK. 틀째 실온에서 열기를 빼 주고 랩을 덮어 냉장실에서 2시간 이상 식혀요.

5_ 휘핑크림을 만듭니다. 볼에 생크림과 그래뉴당을 넣고 볼 밑바닥을 얼음물에 대고서 거품기로 거품을 냅니다. 퍼 올렸을 때 거품기에 엉겨 떨어지지 않을 정도가 되면 OK(ⓑ 참조).

6_ 4를 틀에서 꺼내 회전대(없으면 평접시)에 올립니다. 휘핑크림의 2/3가량을 올려 팔레트나이프로 균일하게 발라가며 측면으로 떨어트립니다(ⓒ 참조). 팔레트나이프를 세워 회전대를 돌리면서 측면도 균일하게 바릅니다(ⓓ 참조). 회전대에 떨어진 휘핑크림은 깨끗이 떠내 볼에 담으세요.

7_ 나머지 휘핑크림을 다시 거품 내 5보다 약간 굳게 합니다. 깍지(지름 1cm)를 단 짤주머니에 넣고 6의 윗면 가장자리를 짜내 가운데가 볼록하게 솟도록 둔덕을 만들어(ⓔ 참조) 냉장실에 넣어 둡니다.

8_ 장미 젤리를 만듭니다. 작은 볼에 물과 젤라틴을 넣고(ⓕ 참조) 살짝 섞어 냉장실에서 10분 정도 불립니다. 장미 꽃잎은 꽃받침을 잘라냅니다.

9_ 작은 냄비에 A를 넣고 중불로 가열하여 익힌 후 불을 끕니다. 불린 젤라틴을 넣어 잘 섞고(ⓖ 참조) 젤라틴이 녹으면 다른 볼에 옮겨 볼 바닥을 얼음물에 대고서 고무주걱으로 섞으면서 식힙니다(ⓗ 참조). 걸쭉해지면 장미 꽃잎을 넣고 대강 섞으세요.

10_ 7의 윗면에 장미 젤리를 부드럽게 흘려 넣고(ⓘ 참조), 냉장실에 넣어 2시간 정도 식힙니다.

Note

• 이 책에서 가장 화려한 케이크예요. 생일 축하용으로 안성맞춤이죠.

• 데코레이션은 케이크를 완전히 식힌 후에 합니다. 케이크에 열이 남아 있으면 휘핑크림이 물러질 수 있거든요.

재료〔지름 15㎝ 원형 틀 1개 분량〕

◆ 노른자 반죽

　노른자 2개(약 40g)

　그래뉴당 45g

　버터 60g

　박력분 50g

　스트로베리 파우더 10g

　우유 250㎖

　벚꽃 소금절임 20g

◆ 머랭

　흰자 2개(약 60g)

　그래뉴당 25g

스트로베리 파우더
동결 건조한 딸기를 파우더로 만든 것. 제과 재료점이나 인터넷에서 구입 가능.

벚꽃 소금절임
벚꽃의 꽃잎을 소금과 매실초 등으로 절인 것. 단팥과 궁합이 잘 맞고, 과자에 사용되는 경우도 많아요. 소금기를 빼고 사용하세요.

사전 준비

• 우유는 상온(약 25℃)에 둡니다.

• 버터는 중탕으로 녹여 상온(약 25℃)에서 식힙니다.

• 벚꽃 소금절임은 물에 헹궈 소금기를 빼고 물기를 짜냅니다. 물을 바꿔서 다시 헹군 후 살짝 한 번 씻고(ⓐ 참조) 확실하게 물기를 짜냅니다.

• 박력분과 스트로베리 파우더는 함께 체 칩니다.

• 틀에 오븐 시트를 깔아 줍니다(63쪽 참조).

• 바트에 키친타월 2장을 깔고 오븐 팬에 올립니다.

• 물(분량 외)을 끓인 다음 약 60℃로 식힙니다.

• 오븐은 150℃로 예열합니다.

만들기

1_ 노른자 반죽을 만듭니다. 볼에 노른자와 그래뉴당을 넣고 거품기로 전체가 하얗게 될 때까지 큰 원을 그리듯 섞어요.

2_ 녹인 버터를 넣고 전체가 완전히 풀어지도록 섞으세요.

3_ 스트로베리 파우더와 합친 박력분을 넣고 큰 원을 그리듯 반죽에 윤기가 날 때까지 2~3분 섞어요.

4_ 우유 1/4량을 붓고 반죽에 잘 섞이도록 풀어 줍니다. 남은 우유와 벚꽃 소금절임을 3/4 정도 넣고 다시 전체적으로 섞어요.

5_ 머랭을 만듭니다. 다른 볼에 흰자를 넣고 핸드믹서로 30초 정도 저속으로 풀어 줍니다. 1/2 정도의 그래뉴당을 넣고 볼 안에서 핸드믹서를 크게 돌리면서 고속으로 30초 정도 거품을 냅니다. 그리고 남은 그래뉴당을 넣고 30초 정도 거품을 낸 후 저속으로 다시 1분간 거품을 냅니다. 윤기가 나고 퍼 올려서 반죽이 봉긋 따라 올라올 정도면 OK.

6_ 노른자 반죽에 머랭을 넣고 거품기로 바닥을 퍼 올리듯이 5~6번 섞어요(너무 섞지 말 것). 표면에 떠 있는 머랭을 거품기 끝으로 가볍게 섞어서 풀어 줍니다.

7_ 틀에 **6**을 고무주걱에 대고 천천히 붓고 고무주걱 끝으로 표면을 골라 평평하게 한 다음, 남은 벚꽃 소금절임을 전체적으로 뿌려 줍니다.

8_ 틀을 바트에 앉히고 바트에 뜨거운 물을 깊이 2㎝ 정도 붓습니다. 그리고 예열한 오븐의 하단에 넣고 40~45분 구워요(탈 것 같으면 알루미늄포일을 씌웁니다).

9_ 대꼬챙이를 반죽 끝에서 안쪽으로 비스듬히 찔러 물컹한 크림 같은 반죽이 묻어 나오면 OK. 틀째로 실온에서 열기를 빼 주고 랩을 덮어 냉장실에서 2시간 이상 식힙니다. 그리고 틀에서 꺼내 원하는 크기로 자릅니다.

Note

• 꽃놀이나 봄철 홈파티에 딱 맞는 딸기맛 벚꽃 마법 케이크.

• 토핑한 벚꽃 소금절임이 탈 것 같으면 알루미늄포일을 씌웁니다.

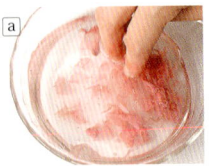

벚꽃
Fleurs de cerisier

설날
Nouvel an

재료〔15cm 스퀘어 틀 1개 분량〕

◆ 노른자 반죽

노른자 2개(약 40g)

그래뉴당 25g

샐러드유 40g

박력분 55g

우유 230㎖

팥고물 130g

◆ 머랭

흰자 2개(약 60g)

그래뉴당 25g

팥고물
팥소와 달리 팥의 껍질을 까지 않은 채로 으깨지 않고 만든 거예요. 콩의 식감이 강하며 통조림 등으로 판매 되고 있어요..

사전 준비

• 6쪽 「기본 레시피」의 사전 준비와 동일하게 합니 다. 단, 우유는 가열하지 않고 상온(약 25℃)에 둡 니다(바닐라도 필요 없음). 버터는 필요 없어요.

만들기

1_ 6~7쪽의 「기본 레시피」 **1~8**과 마찬가지로 노른자 반죽과 머랭을 만들어 섞고 150℃로 예열한 오븐에서 30~35분 구워요. 단 **2**에서 녹인 버터 대신에 샐러드 유를 약간씩 넣으세요. **4**에서 우유를 섞은 후에 팥고물을 넣고 골고루 퍼지도록 섞어 줍니다.

2_ 대꼬챙이를 반죽 끝에서 안쪽으로 비스듬히 찔러 물컹한 크림상의 반죽이 묻어 나오면 OK. 틀째 실온에서 열기를 빼 주고 랩을 덮어 냉장실에서 2시간 이상 식힙니다. 그리고 틀에서 꺼내 원하는 크기로 자릅니다.

Note

• 전통 과자 같은 맛을 내는 마법의 케이크. 버터 대신 샐러드유를 사용해 바삭하고 식감이 좋아요..
• 팥고물 양만큼 노른자 반죽의 그래뉴당은 줄였어요..
• 휘핑크림이나 남은 팥고물을 곁들여도 맛있답니다.

틀에 대하여
Moule

기본 틀

15cm 원형 (바닥이 분리되지 않은 것)

이 책에서는 기본적으로 15cm의 원형 틀을 사용하고 있습니다. '데코레이션 틀'이라고도 하죠. 재질은 여러 가지가 있지만 열전도율이 좋은 양철 제품을 추천합니다. 그러나 양철 틀의 경우 반죽을 장시간 넣어 두면 녹슬어 버립니다. 냉장실에서 식힐 때 2~3시간 이상 보관해 두는 경우는 다른 용기에 옮기는 게 좋아요. 실리콘제 틀을 사용하는 경우 오븐 시트를 깔지 않아도 되지만 불이 잘 전달되지 않으므로 굽는 시간을 길게 잡으세요. 오븐 시트를 까는 방법은 다음과 같습니다.

1_ 사방 30cm 정도로 자른 오븐 시트 가운데에 틀을 놓고 연필로 바닥을 덧그립니다. **2_** 세 번 접어서 바깥쪽을 둥글게 자르고 연필선 앞까지 세로로 표시를 합니다. **3, 4, 5_** 이것으로 OK. 연필로 쓴 면이 아래로 향하게 하여 틀 밑에 깔아 줍니다.

같은 배합으로 다른 틀에서도 굽습니다.

15cm 스퀘어 틀	**18cm 파운드 틀×2개**	**코코트(대)×3개**

15cm 원형 틀과 동일한 배합으로 굽지만 면적이 원형 틀보다 넓으므로 높이가 약간 낮아집니다. 원형 틀에 비하면 가운데에 불이 잘 들어가지 않으니 굽는 시간을 약간 길게 조절해 주세요.

높이가 가장 낮아집니다. 2개에 반죽을 균등하게 넣어 주세요. 입구가 좁으므로 국자를 사용하면 좋습니다.

크기는 지름 10cm 정도. 틀 안에 넣은 채 그대로 선물할 수 있습니다. 굽는 시간은 30분 정도로 합니다. 입구가 좁으므로 국자로 반죽을 부어 넣습니다.

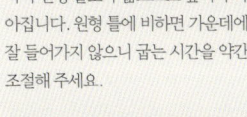

1_ 사방 30cm 정도로 잘라낸 오븐 시트의 중앙에 틀을 놓고 연필로 바닥을 덧그립니다. 연필선의 네 변을 연필로 쓴 면과는 반대 방향으로 접어 사진과 같이 네 군데에 연필선 앞까지 표시를 합니다.

2_ 연필로 쓴 면이 아래로 향하게 하여 틀 밑에 깔아 줍니다.

	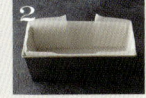

1_ 세로 25cm×가로 30cm 정도로 잘라낸 오븐 시트의 중앙에 틀을 놓고 연필로 바닥을 덧그립니다. 연필선의 네 변을 연필로 쓴 면과는 반대 방향으로 접어 사진과 같이 네 군데에 연필선 앞까지 표시를 합니다.

2_ 연필로 쓴 면이 아래로 향하게 하여 틀 밑에 깔아 줍니다.

Note
• 18cm 원형 틀을 사용할 때에는 계란을 3개로 하고 다른 재료도 1.5배로 합니다. 굽는 시간은 5~10분 길게 합니다.
• 굽는 시간은 틀의 형태와 재질에 좌우됩니다. 오븐의 종류에 따라 시간을 조절하세요.

N

키슈를 닮은
짭짤한
마법의 케이크

{ 키슈 로렌 }

Quiche Lorraine magique

상추 샐러드

문어 마리네

키슈 로렌
Quiche Lorraine magique

재료〔지름 15㎝ 원형 틀 1개 분량〕

◆ 노른자 반죽

노른자 2개(약 40g)

올리브유 2작은술

버터(가염) 50g

디종 머스터드 30g

박력분 45g

소금, 후추 약간씩

우유 220㎖

◆ 머랭

흰자 2개(약 60g)

베이컨(블록) 50g

그뤼에르 50g

사전 준비

• 우유는 상온(약 25℃)에 둡니다.
• 버터는 중탕으로 녹여 상온(약 25℃)에서 식힙니다.
• 베이컨은 길이 2㎝, 두께 1㎝의 봉 모양으로 자릅니다.
• 그뤼에르는 1㎝ 두께로 자릅니다.
• 박력분은 체 칩니다.
• 틀에 오븐 시트를 깔아 줍니다(63쪽 참조).
• 바트에 키친타월 2장을 깔고 오븐 팬에 올립니다.
• 물(분량 외)을 끓인 다음 약 60℃로 식힙니다.
• 오븐은 150℃로 예열합니다.

만들기

1_ 노른자 반죽을 만듭니다. 볼에 노른자를 넣고 거품기로 살짝 풀어서 올리브유를 약간씩 넣어 주면서 섞어 줍니다.

2_ 녹인 버터를 넣고 전체가 완전히 풀어지도록 섞어요.

3_ 머스터드를 넣고 전체가 완전히 풀어지도록 섞으세요.

4_ 박력분, 소금, 후추를 넣고 큰 원을 그리듯 반죽에 윤기가 날 때까지 2~3분 섞어요.

5_ 우유 1/4량을 붓고 반죽에 잘 섞이도록 풀어 줍니다. 남은 우유를 붓고 다시 전체적으로 섞어 줍니다.

6_ 머랭을 만듭니다. 다른 볼에 흰자를 넣고 핸드믹서로 30초 정도 저속으로 풀어 줍니다. 볼 안에서 핸드믹서를 크게 돌리면서 고속으로 1분 정도 거품을 낸 후 다시 저속으로 30초 정도 거품을 냅니다. 윤기가 나고 퍼 올려서 반죽이 봉긋 따라 올라올 정도면 OK.

7_ 노른자 반죽에 머랭을 넣고 거품기로 바닥을 퍼 올리듯이 5~6번 섞어요(너무 섞지 말 것). 표면에 떠 있는 머랭을 거품기 끝으로 가볍게 섞어서 풀어 줍니다.

8_ 틀에 베이컨과 그뤼에르를 골고루 앉힙니다. **7**을 고무주걱에 대고 천천히 붓고 고무주걱 끝으로 표면을 골라 평평하게 합니다.

9_ 틀을 바트에 앉히고 바트에 뜨거운 물을 깊이 2㎝ 정도까지 붓습니다. 그런 다음 예열한 오븐의 하단에 넣고 30~35분 구워요.

10_ 대꼬챙이를 반죽 끝에서 안쪽으로 비스듬히 찔러 물컹한 크림 같은 반죽이 묻어 나오면 OK. 틀째로 실온에서 열기를 빼 주고 랩을 덮어 냉장실에서 2시간 이상 식힙니다. 그리고 틀에서 꺼내 원하는 크기로 자릅니다.

Note

• 프랑스 로렌 지방의 향토 음식인 베이컨과 치즈를 넣은 키슈를 어레인지했어요.
• 그뤼에르는 치즈 퐁듀 등에 사용되는 스위스의 하드 치즈랍니다.
• 노른자와 올리브유를 합칠 때는 서로 분리되지 않도록 올리브유를 조금씩 넣어가며 섞으세요.

《이 장에 대하여》

▶ 마법의 케이크는 케이크 살레 같은 짠맛의 케이크도 만들 수 있습니다.
평소 식사나 홈 파티 등에서 활용해 보세요.
▶ 이 장의 레시피에서 계란 노른자 반죽의 버터는 가염된 것을 사용하고 머랭에 그래뉴당은 넣지 않습니다.
▶ 각각의 마법 케이크에 잘 맞는 전채와 샐러드, 수프 등도 소개합니다. 와인과의 궁합도 매우 좋습니다.

상추 샐러드

재료〔4인분〕

상추 4장

그뤼에르 적당량

◆ 드레싱

| 간 양파 1큰술
| 디종 머스터드 1작은술
| 레몬즙 1/2큰술
| 소금 1/2작은술
| 후추 약간
| 샐러드유 2큰술

만들기

1_ 상추는 한입 크기로 뜯어 찬물에 5분 정도 헹구고 바구니에 올려 물기를 뺍니다. 그뤼에르는 필러로 얇게 깎아요.

2_ 볼에 샐러드유 이외의 드레싱 재료를 넣고 거품기로 살짝 섞어요. 샐러드유를 조금씩 넣어 주면서 잘 버무립니다.

3_ 그릇에 상추를 담아 드레싱을 치고 그뤼에르를 얹습니다.

Note
- 상추 외에 잎사귀 야채를 섞거나 방울토마토를 곁들여도 맛있어요.
- 치즈는 파르미지아노 레지아노도 좋아요.

문어 마리네

재료〔4인분〕

삶은 문어발 100g

적양파 1/4개

셀러리 줄기 1/2개

셀러리 잎 적당량

믹스빈즈(통조림) 100g

◆ 드레싱

| 다진 마늘 약간
| 레몬과즙 1큰술
| 소금 2/3작은술
| 후추 약간
| 올리브유 2큰술

만들기

1_ 적양파는 세로로 얇게 썹니다. 셀러리 줄기는 껍질을 제거하고 비스듬히 얇게 썰어 줍니다. 적양파와 셀러리 줄기를 함께 찬물에 5분 정도 담가 두었다가 바구니에 올려 물기를 뺍니다. 문어는 폭 7~8㎜씩 어슷썰기합니다. 셀러리 잎은 먹기 쉽게 뜯어 놓으세요. 믹스빈즈는 물기를 빼 줍니다.

2_ 볼에 올리브유 이외의 드레싱 재료를 넣고 거품기로 살짝 섞어요. 올리브유를 조금씩 넣어 주면서 잘 버무립니다.

3_ 다른 볼에 셀러리 잎 이외의 **1**을 넣고 드레싱을 쳐서 잘 무칩니다. 랩을 덮어 냉장실에서 1~2시간 식히세요. 그리고 그릇에 담은 후 샐러리 잎을 얹습니다.

Note
- 문어 대신 생선회용 연어나 흰살생선을 사용해도 맛있어요.
- 야채가 부들부들해질 때 먹는 것이 좋아요. 차갑게 식힌 백포도주와 잘 어울린답니다.

치커리 루콜라 샐러드

정어리 향초 빵가루구이

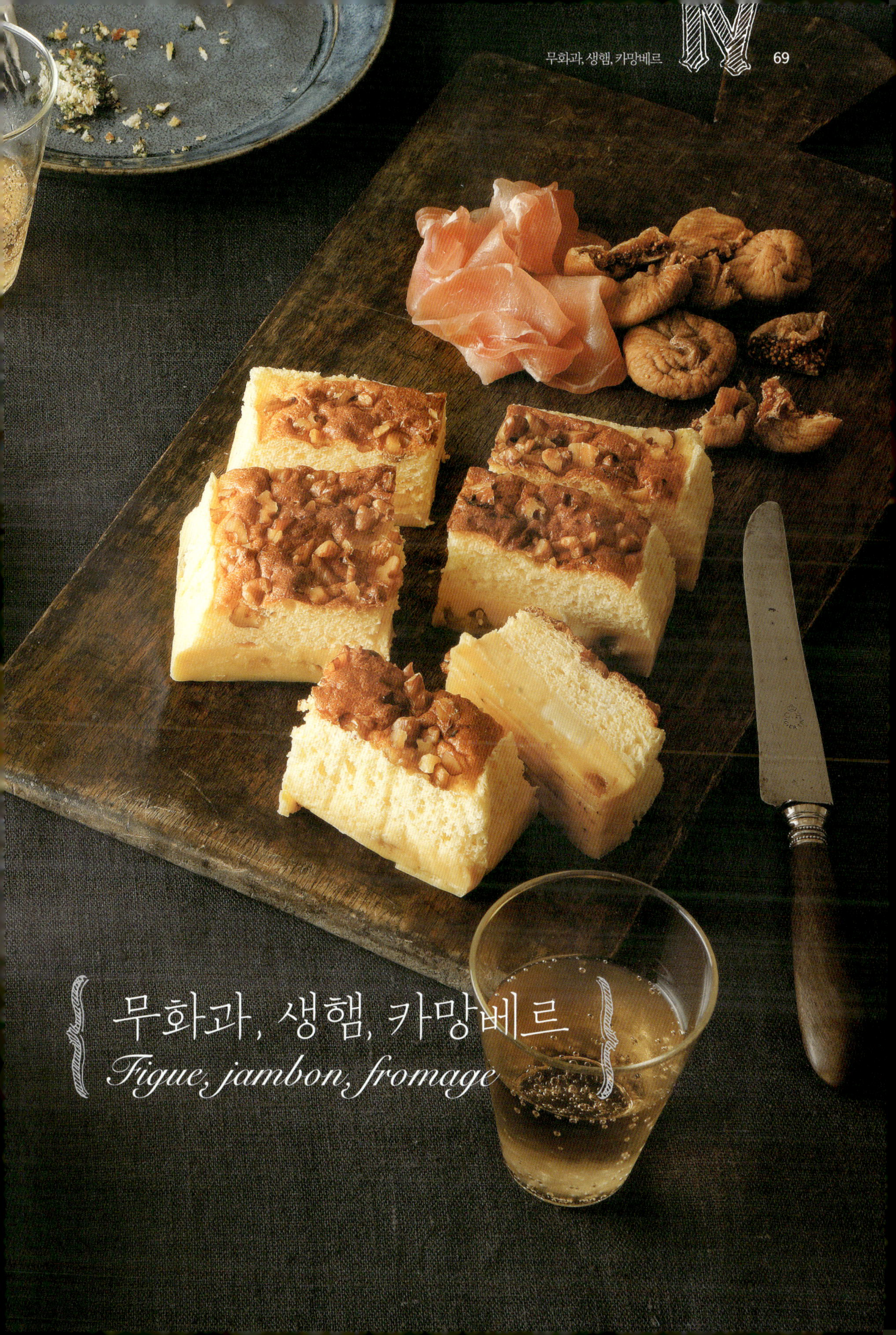

무화과, 생햄, 카망베르

Figue, jambon, fromage

무화과, 생햄, 카망베르
Figue, jambon, fromage

재료 (15cm 스퀘어 틀 1개 분량)

◆ **노른자 반죽**

| 노른자 2개(약40g)
| 벌꿀 2큰술
| 버터(가염) 50g
| 박력분 45g
| 소금 2/3작은술
| 우유 250ml

◆ **머랭**

| 흰자 2개(약60g)

말린 무화과 30g

생햄 50g

카망베르 50g

호두 20g

사전 준비

- 우유는 상온(약 25℃)에 둡니다.
- 버터는 중탕으로 녹여 상온(약 25℃)에서 식힙니다.
- 호두는 160℃로 예열한 오븐에서 10분 정도 로스팅한 후 열기를 빼 주고 대강 칼집을 냅니다.
- 무화과와 생햄은 1cm 정육면체로 썰어 줍니다.
- 카망베르는 2cm 정육면체로 썰어 줍니다.
- 박력분은 체 칩니다.
- 틀에 오븐 시트를 깔아 줍니다(63쪽 참조).
- 바트에 키친타월 2장을 깔고 오븐 팬에 올립니다.
- 물(분량 외)을 끓인 다음 약 60℃로 식힙니다.
- 오븐은 150℃로 예열합니다.

만들기

1_ 노른자 반죽을 만듭니다. 볼에 노른자와 벌꿀을 넣고 거품기로 전체적으로 잘 풀어지도록 섞어요.

2_ 녹인 버터를 넣고 전체적으로 완전히 풀어지도록 섞으세요.

3_ 박력분과 소금을 넣고 큰 원을 그리듯 반죽에 윤기가 날 때까지 2~3분 섞어요.

4_ 1/4량의 우유를 넣고 반죽에 잘 풀어지도록 섞어 줍니다. 남은 우유를 넣고 다시 섞어 전체를 액상으로 만들어 줍니다.

5_ 머랭을 만듭니다. 다른 볼에 흰자를 넣고 핸드믹서로 30초 정도 저속으로 풀어 줍니다. 볼 안에서 핸드믹서를 크게 돌리면서 고속으로 1분 정도 거품을 내고 다시 저속으로 30초 정도 거품을 냅니다. 윤기가 나고 퍼 올려서 반죽이 봉긋 따라 올라올 정도면 OK.

6_ 노른자 반죽에 머랭을 넣고 거품기로 바닥을 퍼 올리듯이 5~6번 섞어요(너무 섞지 말 것). 표면에 떠 있는 머랭을 거품기 끝으로 가볍게 섞어서 풀어 줍니다.

7_ 틀에 무화과, 생햄, 카망베르를 골고루 얹고 **6**을 고무주걱에 대고 천천히 담아요. 고무주걱 끝으로 표면을 골라 평평하게 한 후 호두를 전체적으로 뿌립니다.

8_ 틀을 바트에 앉히고 바트에 뜨거운 물을 깊이 2cm 정도 붓습니다. 그리고 예열한 오븐의 하단에 넣고 30~35분 구워요.

9_ 대꼬챙이를 반죽 끝에서 안쪽으로 비스듬히 찔러 크림 같은 반죽이 묻어 나오면 OK. 틀째 실온에서 열기를 빼 주고 랩을 엎어 냉장실에서 2시간 이상 식힙니다. 그리고 틀에서 꺼내 원하는 크기로 자릅니다.

Note
- 무화과의 단맛이 생햄의 맛을 더욱 살려 주는 마법의 케이크.
- 생햄과 치즈의 소금기가 강할 때는 소금량을 줄여서 조절합니다.
- 사과주나 스파클링 와인하고 잘 어울려요.

치커리 루콜라 샐러드

재료〔4인분〕

루콜라 60g

치커리 1개

◆ 드레싱

| 올리브유 1½큰술

| 발사믹 식초 1큰술

| 소금 1/3작은술

| 후추 약간

만들기

1_ 루콜라는 먹기 좋은 크기로 썹니다. 치커리는 잎을 한 장씩 떼어내고 폭 3cm로 썹니다. 루콜라와 치커리를 함께 찬물에 5분 정도 담가 두었다가 바구니에 올려 물기를 뺍니다.

2_ 볼에 루콜라와 치커리를 넣고 드레싱 재료를 개별적으로 넣어 전체적으로 잘 버무립니다.

Note
- 드레싱은 섞지 않고 가하여 야채와 어울리도록 합쳐 주면 맛에 변화가 생깁니다.
- 구운 호두나 아몬드를 뿌려도 맛있어요.

정어리 향초 빵가루구이

재료〔4인분〕

정어리(세 조각으로 뜬 것) 4마리분

소금, 후추 약간씩

◆ 튀김가루

| 잘게 다진 파슬리 4큰술

| 빵가루 3큰술

| 가루치즈 1큰술

올리브유 1큰술

만들기

1_ 정어리는 소금, 후춧가루를 뿌린 다음 10분 정도 둡니다. 튀김가루 재료를 섞어 두세요.

2_ 내열 용기에 올리브유 1/2을 바르고 정어리를 껍질을 위쪽으로 해서 늘어놓으세요. 전체적으로 튀김가루를 입히고 남은 올리브유를 빙 둘러 뿌려 줍니다.

3_ 220℃로 예열한 오븐에서 10분 정도 구워요. 튀김가루가 노릇노릇해지면 완성.

Note
- 정어리 대신 전갱이로 만들어도 맛있어요.
- 도중에 탈 것 같으면 용기에 알루미늄포일을 씌웁니다.

살라미와 로즈마리
Salami et romarin

미네스트로네

치킨과 주키니 꼬치구이

토마토와 바질
Tomates et basilic

살라미와 로즈마리
Salami et romarin

재료 [15cm 원형 틀 1개 분량]

◆ 노른자 반죽

- 노른자 2개(약 40g)
- 올리브오일 1작은술
- 버터(가염) 55g
- 박력분 55g
- 소금 2/3작은술
- 후추 약간
- 로즈마리(말린 것) 2작은술
- 우유 230mℓ
- 리코타 50g

◆ 머랭

- 흰자 2개(약 60g)

살라미(블록) 80g

리코타 치즈 30g

사전 준비

- 우유는 상온(약 25℃)에 둡니다.
- 버터는 중탕으로 녹여 상온(약 25℃)에서 식힙니다.
- 살라미는 사방 3mm 두께로 썹니다.
- 리코타는 모두 풀어 줍니다.
- 박력분은 체 칩니다.
- 틀에 오븐 시트를 깔아 줍니다(63쪽 참조).
- 바트에 키친타월 2장을 깔고 오븐 팬에 올립니다.
- 물(분량 외)을 끓인 다음 약 60℃로 식힙니다.
- 오븐은 150℃로 예열합니다.

만들기

1_ 노른자 반죽을 만듭니다. 볼에 노른자를 넣고 거품기로 살짝 풀어 올리브유를 약간씩 넣어 주면서 섞어 줍니다.

2_ 녹인 버터를 넣고 전체가 완전히 풀어지도록 섞어요.

3_ 박력분, 소금, 후추, 로즈마리, 우유 3~4큰술을 넣고 큰 원을 그리듯 반죽에 윤기가 날 때까지 2~3분 섞어요.

4_ 남은 우유 1/4량을 붓고 반죽에 잘 섞이도록 풀어 줍니다. 남은 우유 전부와 리코타 50g을 넣고 다시 전체적으로 섞으세요.

5_ 머랭을 만듭니다. 다른 볼에 흰자를 넣고 핸드믹서로 30초 정도 저속으로 풀어 줍니다. 볼 안에서 핸드믹서를 크게 돌리면서 고속으로 1분 정도 거품을 낸 후 다시 저속으로 30초 정도 거품을 냅니다. 윤기가 나고 퍼 올려서 반죽이 봉긋 따라 올라올 정도면 OK.

6_ 노른자 반죽에 머랭을 넣고 거품기로 바닥을 퍼 올리듯이 5~6번 섞어요(너무 섞지 말 것). 표면에 떠 있는 머랭을 거품기 끝으로 가볍게 섞어서 풀어 줍니다.

7_ 틀에 살라미와 리코타 30g을 골고루 앉힙니다. **6**을 고무주걱에 대고 천천히 밀어 넣고, 고무주걱 끝으로 표면을 골라 평평하게 해 줍니다.

8_ 틀을 바트에 앉히고 바트에 뜨거운 물을 깊이 2cm 정도까지 붓습니다. 그리고 예열한 오븐의 하단에 넣고 35~40분 구워요.

9_ 대꼬챙이를 반죽 끝에서 안쪽으로 비스듬히 찔러 물컹한 크림 같은 반죽이 묻어 나오면 OK. 틀째로 실온에서 열기를 빼 주고 랩을 덮어 냉장실에서 2시간 이상 식힙니다. 그리고 틀에서 꺼내 원하는 크기로 자릅니다.

Note
- 깔끔한 리코타가 베이스인 가볍게 먹기 좋은 마법의 케이크.
- 상추 등을 곁들여도 맛있어요.

미네스트로네

재료 [4인분]

양파 1/2개	당근 1/2개
토마토 1개	셀러리 줄기 1/2개
베이컨(슬라이스) 4장	
강낭콩 50g	롱 파스타(스파게티 등) 30g
가루치즈 적당량	소금 2/3작은술
후추 약간	물 3컵
올리브유 1큰술	

만들기

1_ 양파, 당근, 토마토, 셀러리(줄기 제외), 베이컨을 사방 1cm 크기로 썹니다. 강낭콩은 폭 1cm로 썹니다.

2_ 냄비에 올리브유를 중불로 가열하여 양파, 당근, 셀러리, 베이컨을 넣고 볶아요. 양파가 부들부들해지면 물을 넣어요.

3_ 끓기 시작하면 뚜껑을 덮고 약한 불로 2~3분 익힙니다. 토마토와 강낭콩을 넣고 다시 2~3분 익힙니다.

4_ 짧게 자른 롱 파스타를 넣고, 패키지에 표시된 시간대로 익히세요. 파스타가 부드러워지면 소금, 후추로 간을 맞추고 그릇에 담아 가루치즈를 뿌립니다.

토마토와 바질
Tomates et basilic

재료 (15㎝ 스퀘어 틀 1개 분량)

◆ **노른자 반죽**

> 노른자 2개 (약 40g)
> 올리브유 45㎖
> 박력분 50g
> 소금 1작은술
> 후추 약간
> 우유 230㎖
> 말린 토마토 15g
> 바질 (말린 것) 1작은술

◆ **머랭**

> 흰자 2개 (약 60g)

모차렐라 치즈 100g

사전 준비

- 우유는 상온 (약 25℃)에 둡니다.
- 토마토는 사방 5mm 크기로 썹니다.
- 모차렐라는 폭 5mm로 썹니다.
- 박력분은 체 칩니다.
- 틀에 오븐 시트를 깔아 줍니다 (63쪽 참조).
- 바트에 키친타월 2장을 깔고 오븐 팬에 올립니다.
- 물 (분량 외)을 끓인 다음 약 60℃로 식힙니다.
- 오븐은 150℃로 예열합니다.

만들기

1_ 노른자 반죽을 만듭니다. 볼에 노른자와 벌꿀을 넣고 거품기로 전체적으로 잘 풀어지도록 섞어요.

2_ 박력분, 소금, 후추, 우유 3~4큰술을 넣고 큰 원을 그리듯 반죽에 윤기가 날 때까지 2~3분 섞어요.

3_ 우유 1/4량을 넣고 반죽에 잘 풀어지도록 섞어 줍니다. 남은 우유를 넣고 다시 섞어 전체를 액상으로 만들어 줍니다.

4_ 말린 토마토와 바질을 넣고 대강 섞어 줍니다.

5_ 머랭을 만듭니다. 다른 볼에 흰자를 넣고 핸드믹서로 30초 정도 저속으로 풀어 줍니다. 볼 안에서 핸드믹서를 크게 돌리면서 고속으로 1분 정도 거품을 낸 후 다시 저속으로 30초 정도 거품을 냅니다. 윤기가 나고 퍼 올려서 반죽이 봉긋 따라 올라올 정도면 OK.

6_ 노른자 반죽에 머랭을 넣고 거품기로 바닥을 퍼 올리듯이 5~6번 섞어요 (너무 섞지 말 것). 표면에 떠 있는 머랭을 거품기 끝으로 가볍게 섞어서 풀어 줍니다.

7_ 틀에 모차렐라를 골고루 뿌리고 **6**을 고무주걱에 대고 천천히 담습니다. 고무주걱 끝으로 표면을 골라 평평하게 합니다.

8_ 틀을 바트에 앉히고 바트에 뜨거운 물을 깊이 2㎝ 정도 붓습니다. 그리고 예열한 오븐의 하단에 넣고 35~40분 구워요.

9_ 대꼬챙이를 반죽 끝에서 안쪽으로 비스듬히 찔러 물컹한 크림 같은 반죽이 묻어 나오면 OK. 틀째 실온에서 열기를 빼 주고 랩을 덮어 냉장실에서 2시간 이상 식힙니다. 그리고 틀에서 꺼내 원하는 크기로 자릅니다.

Note
- 버터를 사용하지 않고 올리브유만으로 반죽을 만드는 레시피. 식감이 부드러워집니다.
- 소금량은 기호에 따라 가감하세요.

치킨과 주키니 꼬치구이

재료 (4인분)

닭 넓적다리 1개 (약 200g)
주키니 1/2개
A ┆ 올리브유 1큰술
　　┆ 소금 1/2작은술
　　┆ 로즈마리 (말린 것) 1/4작은술
　　┆ 후추 약간
올리브유 1/2큰술
소금 약간

만들기

1_ 닭고기는 여분의 지방을 제거하고 8등분으로 자릅니다. 볼에 **A**를 넣고 섞은 뒤 닭고기를 주물러서 20분 정도 두세요.

2_ 주키니는 8등분의 두께 (약 1.5㎝)로 썹니다.

3_ 대꼬치 4개에 각각 닭고기와 주키니를 2조각씩 교대로 찔릅니다.

4_ 프라이팬에 올리브유를 약한 중불로 가열해 **3**을 얹고 주키니에 소금을 뿌립니다. 뚜껑을 덮고 4분 정도 쪘다가 뒤집어서 3분 정도 더 찝니다. 다 익으면 뚜껑을 열고 노릇노릇해질 때까지 구워요.

Note
- 닭고기 대신 새우나 가리비 관자로 해도 맛있어요.

소시지와 치즈
Saucisse et fromage

라디치오 상추 호두 샐러드

빨간 파프리카 스프

{ 훈제연어와 딜 }
Saumon fumé et aneth

소시지와 치즈
Saucisse et fromage

재료〔지름 15cm 원형 틀 1개 분량〕

◆ **노른자 반죽**

노른자 2개(약 40g)

버터(가염) 60g

박력분 50g

카레 가루, 소금 각각 1작은술

후추 약간

우유 250㎖

파르미지아노 레지아노 20g

잘게 다진 파슬리 2큰술

◆ **머랭**

흰자 2개(약 60g)

비엔나소시지 4개(80g)

사전 준비

• 우유는 상온(약 25℃)에 둡니다.
• 버터는 중탕으로 녹여 상온(약 25℃)에서 식힙니다.
• 파르미지아노 레지아노는 잘게 갈아 줍니다.
• 소시지는 폭 1cm로 썹니다.
• 박력분은 체 칩니다.
• 틀에 오븐 시트를 깔아 줍니다(63쪽 참조).
• 바트에 키친타월 2장을 깔고 오븐 팬에 올립니다.
• 물(분량 외)을 끓인 다음 약 60℃로 식힙니다.
• 오븐은 150℃로 예열합니다.

만들기

1_ 노른자 반죽을 만듭니다. 볼에 노른자를 넣고 거품기로 살짝 풀어 줍니다.

2_ 녹인 버터를 넣고 전체적으로 완전히 풀어지도록 섞으세요.

3_ 박력분, 카레 가루, 소금, 후추, 우유 3~4큰술을 붓고 큰 원을 그리듯 반죽에 윤기가 날 때까지 2~3분 섞어요.

4_ 남은 우유의 1/4가량을 넣고 반죽에 잘 풀어지도록 섞어요. 남은 우유와 파르미지아노 레지아노, 파슬리를 넣고 다시 섞어서 전체를 액상으로 만들어 줍니다.

5_ 머랭을 만듭니다. 다른 볼에 흰자를 넣고 핸드믹서로 30초 정도 저속으로 풀어 줍니다. 볼 안에서 핸드믹서를 크게 돌리면서 고속으로 1분 정도 거품을 낸 다음 다시 저속으로 30초 정도 거품을 냅니다. 윤기가 나고 퍼 올려서 반죽이 봉긋 따라 올라올 정도면 OK.

6_ 노른자 반죽에 머랭을 넣고 거품기로 바닥을 퍼 올리듯이 5~6번 섞어요(너무 섞지 말 것). 표면에 떠 있는 머랭을 거품기 끝으로 가볍게 섞어서 풀어 줍니다.

7_ 틀에 소시지를 골고루 얹고 **6**을 고무주걱에 대고 천천히 담은 후 고무주걱 끝으로 표면을 골라 평평하게 합니다.

8_ 틀을 바트에 앉히고 바트에 뜨거운 물을 깊이 2cm 정도 붓습니다. 그리고 예열한 오븐의 하단에 넣고 35~40분 구워요.

9_ 대꼬챙이를 반죽 끝에서 안쪽으로 비스듬히 찔러 물컹한 크림 같은 반죽이 묻어 나오면 OK. 틀째 실온에서 열기를 빼 주고 랩을 덮어 냉장실에 넣고 2시간 이상 식히세요. 그리고 틀에서 꺼내 원하는 크기로 자릅니다.

Note
• 파르미지아노 레지아노 대신 가루치즈를 사용해도 됩니다.
• 소시지는 초리소처럼 맛이 강한 것을 쓰면 더 맛있어집니다.

라디치오 상추 호두 샐러드

재료〔4인분〕

라디치오 3~4장

상추 4~5장

호두 30g

◆ **드레싱**

화이트와인 비네거 1큰술

소금 1작은술

후추 약간

올리브유 2큰술

만들기

1_ 라디치오와 상추는 먹기 좋은 크기로 뜯어 찬물에 5분 정도 담가 두었다가 소쿠리에 올려 물기를 빼 줍니다.

2_ 호두는 160℃로 예열한 오븐에 10분 정도 구운 후 열기를 빼 주고 한꺼번에 대강 쿡쿡 썰어 줍니다.

3_ 볼에 올리브유 이외의 드레싱 재료를 넣고 거품기로 살짝 섞어요. 올리브유를 조금씩 넣어 주면서 잘 섞어 줍니다.

4_ 그릇에 라디치오와 상추를 담아 호두를 뿌리고 드레싱을 얹습니다.

Note
• 푸른 채소는 좋아하는 것으로 넣어도 됩니다. 버섯과 양파, 치즈 등을 추가해도 잘 어울려요.
• 호두는 오븐이 아닌 프라이팬에 볶아도 된답니다.

훈제연어와 딜
Saumon fumé et aneth

재료〔지름 15㎝ 원형 틀 1개 분량〕

◆ 노른자 반죽
- 노른자 2개(약 40g)
- 버터(가염) 50g
- 박력분 50g
- 소금 1작은술
- 후추 약간
- 우유 250㎖
- 레몬 껍질 1/4개
- 잘게 썬 딜 2작은술

◆ 머랭
- 흰자 2개(약 60g)

훈제연어 50g

◆ 크림
- 사워크림 30g
- 소금 약간

딜 적당량

사전 준비

- 우유는 상온(약 25℃)에 둡니다.
- 버터는 중탕으로 녹여 상온(약 25℃)에서 식힙니다.
- 레몬 껍질은 잘 씻어 물기를 닦아내고 잘게 썰어 줍니다.
- 훈제연어는 폭 3㎝로 썹니다.
- 박력분은 체 칩니다.
- 틀에 오븐 시트를 깔아 줍니다(63쪽 참조).
- 바트에 키친타월 2장을 깔고 오븐 팬에 올립니다.
- 물(분량 외)을 끓인 다음 약 60℃로 식힙니다.
- 오븐은 150℃로 예열합니다.

만들기

1_ 노른자 반죽을 만듭니다. 볼에 노른자를 넣고 거품기로 살짝 풀어 줍니다.

2_ 녹인 버터를 넣고 전체적으로 완전히 풀어지도록 섞으세요.

3_ 박력분, 소금, 후추, 우유 3~4큰술을 넣고 큰 원을 그리듯 반죽에 윤기가 날 때까지 2~3분 섞어요.

4_ 남은 우유의 1/4가량을 넣고 반죽에 잘 풀어지도록 섞어 줍니다. 남은 우유를 다 넣고 레몬 껍질과 딜을 넣은 후 다시 섞어 전체를 액상으로 만들어 줍니다.

5_ 머랭을 만듭니다. 다른 볼에 흰자를 넣고 핸드믹서로 30초 정도 저속으로 풀어 줍니다. 볼 안에서 핸드믹서를 크게 돌리면서 고속으로 1분 정도 거품을 낸 후 다시 저속으로 30초 정도 거품을 냅니다. 윤기가 나고 퍼 올려서 반죽이 봉긋 따라 올라올 정도면 OK.

6_ 노른자 반죽에 머랭을 넣고 거품기로 바닥을 퍼 올리듯이 5~6번 섞어요(너무 섞지 말 것). 표면에 떠 있는 머랭을 거품기 끝으로 가볍게 섞어서 풀어 줍니다.

7_ 틀에 훈제연어를 골고루 얹히고 6을 고무주걱에 대고 천천히 담아요. 고무주걱 끝으로 표면을 골라 평평하게 합니다.

8_ 틀을 바트에 얹히고 바트에 뜨거운 물을 깊이 2㎝ 정도 붓습니다. 예열한 오븐의 하단에 넣고 35~40분 구워요.

9_ 대꼬챙이를 반죽 끝에서 안쪽으로 비스듬히 찔러 물컹한 크림 같은 반죽이 묻어 나오면 OK. 틀째 실온에서 열기를 빼 주고 랩을 덮어 냉장실에서 2시간 이상 식힙니다.

10_ 크림을 만듭니다. 볼에 사워크림과 소금을 넣고 거품기로 섞어요.

11_ 9를 틀에서 꺼내 원하는 크기로 자릅니다. 크림을 스푼으로 떠서 모양을 잡아 준 다음 케이크 위에 올리고 딜을 장식합니다.

Note
- 연어와 딜은 궁합이 매우 잘 맞아요. 화이트와인에 잘 어울리는 마법의 케이크.
- 레몬은 농약을 뿌리지 않고, 수확 후에도 농약 처리를 하지 않은 것을 사용합니다.
- 훈제연어의 소금기가 강할 때는 노른자 반죽의 소금을 2/3작은술 정도로 합니다.

빨간 파프리카 스프

재료〔4인분〕

빨간 파프리카 2개
양파 1/2개
올리브유 1큰술
물 2컵
소금 1작은술
후추 약간

만들기

1_ 파프리카는 반으로 잘라 꼭지와 씨를 제거하고 예열한 생선구이 그릴에서 센 불로 구워요. 표면이 그을리면 찬물에 담근 후 탄 껍질을 벗겨내고 물기를 뺀 다음 얇게 썹니다. 양파도 얇게 썰어요.

2_ 냄비에 올리브유를 중불로 가열하여 양파를 넣고 볶아요. 양파가 부들부들해지면 파프리카를 넣고 살짝 볶아 물을 넣습니다.

3_ 끓기 시작하면 거품을 걷어낸 다음 뚜껑을 약간 열어 걸쳐 둔 채로 약불로 10분 정도 익힙니다. 그런 다음 불을 끄고 열기를 빼 줍니다.

4_ 믹서나 블렌더에 3을 넣고 매끌매끌해질 때까지 섞으세요.

5_ 냄비에 4를 다시 넣고 약한 불로 데워 소금과 후추로 간을 맞춥니다.

하나의 반죽으로 세 가지 맛을 내는 신기한

마법의 케이크

1판 1쇄 발행 2016년 11월 25일

1판 2쇄 발행 2017년 3월 10일

글쓴이 오기타 히사코

옮긴이 정창열

펴낸이 이경민

편집 최정미, 김세나

디자인 형태와내용사이

펴낸곳 ㈜동아엠앤비

출판등록 2014년 3월 28일(제25100-2014-000025호)

주소 (03737) 서울특별시 서대문구 충정로 35-17 인촌빌딩 1층

전화 (편집) 02-392-6901 (마케팅) 02-392-6900

팩스 02-392-6902

전자우편 damnb0401@nate.com

ISBN 979-11-87336-26-6

　　　979-11-87336-25-9(set)

1. 책 가격은 뒤표지에 있습니다.

2. 잘못된 책은 구입한 곳에서 바꿔 드립니다.

3. 저자와의 협의에 따라 인지는 붙이지 않습니다.

4. 이 도서의 국립중앙도서관 출판예정도서목록(CIP)은

서지정보유통지원시스템 홈페이지(http://seoji.nl.go.kr)와 국가자료공동목록시스템

(http://www.nl.go.kr/kolisnet)에서 이용하실 수 있습니다. (CIP제어번호 : CIP2016026674)